शिवाजी विद्यापीठ, कोल्हापूरच्या जून 2019
पासून बदललेल्या नवीन अभ्यासक्रमानुसार (सी.बी.सी.एस. पॅटर्न)
बी.ए. भाग-2 (सेमिस्टर-4, पेपर क्र. 6) साठी आणि
सोलापूर, नांदेड, नागपूर, मुंबई, सावित्रीबाई फुले पुणे, डॉ. आंबेडकर मराठवाडा,
कवयित्री बहिणाबाई चौधरी उत्तर महाराष्ट्र, अमरावती व एस.एन.डी.टी.
विद्यापीठांच्या 'भूगोल' या विषयाच्या विद्यार्थ्यांसाठी लिहिलेले पुस्तक !

कृषी भूगोल

Agricultural Geography

पेपर क्र. 6

बी.ए. भाग 2 ❁ सेमिस्टर 4

CBCS Pattern

लेखक

प्रा. दिपक उद्धव गुरव
एम.ए., नेट (जे.आर.एफ.), सेट
पी.जी.डी.डी.सी.
भूगोलशास्त्र विभाग प्रमुख,
आर्ट्स ॲण्ड कॉमर्स कॉलेज,
नागठाणे, ता. जि. सातारा.

प्रा. स्वाती नामदेव चव्हाण
एम.ए., नेट, सेट.,
भूगोलशास्त्र विभाग,
लालबहादूर शास्त्री,
कॉलेज ऑफ आर्ट्स, सायन्स ॲण्ड कॉमर्स
सातारा.

NIRALI PRAKASHAN
ADVANCEMENT OF KNOWLEDGE

N5335

कृषी भूगोल

ISBN- 978-93-89686-16-6

प्रथम आवृत्ती : नोव्हेंबर २०१९

© : प्रा. दिपक उद्धव गुरव, प्रा. स्वाती नामदेव चव्हाण

प्रकाशक
निराली प्रकाशन

अभ्युदय प्रगती, १३१२, शिवाजीनगर,
जंगली महाराज रोड, पुणे ४११ ००५.
फोन : (०२०) २५५१ २३३६/३७/३९
फॅक्स : (०२०) २५५१ १३७९.
Email : niralipune@pragationline.com

पुस्तक मिळण्याचे ठिकाण

प्रगती बुक सेंटर : पुणे : Email : pbcpune@pragationline.com

➤ १५७, बुधवार पेठ, रतन टॉकिजसमोर, **पुणे २. मो.** ९६५७७०३१४८
➤ ६७६/ब, बुधवार पेठ, जोगेश्वरी मंदिरासमोर, **पुणे २. मो.** ९६५७७०३१४७
➤ २८/अ, बुधवार पेठ, अंबर चेंबर, अप्पा बळवंत चौक, **पुणे २.**
   मो. ९६५७७०३१४२/९६५७७०३१४९
➤ १५२, बुधवार पेठ, जोगेश्वरी मंदिराशेजारी, **पुणे २.** ☎ ८०८७८८१७९५

प्रमुख वितरण केंद्रे

निराली प्रकाशन : पुणे

➤ ११९, बुधवार पेठ, जोगेश्वरी मंदिर मार्ग, **पुणे ४११ ००२.** ☎ (०२०) २४४५ २०४४
   मो. ९६५७७०३१४५ Email : niralilocal@pragationline.com

निराली प्रकाशन : धायरी (पुणे)

➤ सर्वे नं. २८/२७ धायरी-कात्रज रोड, पारी कंपनीजवळ, **पुणे ४११ ०४१.**
   ☎ (०२०) २४६९ ०२०४ **मो.** ९६५७७०३१४३ Email : bookorder@pragationline.com

वितरक शाखा

निराली प्रकाशन :

➤ ३४, व्ही. व्ही. गोलानी मार्केट, नवी पेठ, **जळगाव ४२५ ००१.** ☎ (०२५७) २२२ ०३९५.
   मो. ९४२३४९१८६० Email : niralijalgaon@pragationline.com
➤ न्यू महाद्वार रोड, केदार लिंग प्लाझा, पहिला मजला, आय. डी. बी. आय. बँकेसमोर,
   कोल्हापूर ४१६ ०१२. मो. ९८५० ०४६ १५५ Email : niralikolhapur@pragationline.com
➤ लोकरत्न कमर्शियल कॉम्प्लेक्स, दुकान नं. ३, सीताबर्डी, **नागपूर ४४० ०१२.**
   ☎ (०७१२) २५४७ १२९. Email : niralinagpur@pragationline.com

Note : Every possible effort has been made to avoid errors or omissions in this book. In spite this, errors may have crept in. Any type of error or mistake so noted, and shall be brought to our notice, shall be taken care of in the next edition. It is notified that neither the publisher, nor the author or book seller shall be responsible for any damage or loss of action to any one of any kind, in any manner, therefrom. The reader must cross check all the facts and contents with original Government notification or publications.

इतर शाखा : दिल्ली, बंगळुरू, हैदराबाद, चेन्नई

• www.pragationline.com

मनोगत

शिवाजी विद्यापीठाच्या बी. ए. भाग-2 या वर्गातील भूगोल विषयाचे विद्यार्थी व अभ्यासू प्राध्यापकांच्या हाती **'कृषी भूगोल'** (पेपर क्र. 6 व सेमिस्टर-4) हे पुस्तक देताना आम्हाला खूप आनंद होत आहे.

शिवाजी विद्यापीठाने बी. ए. भाग-2 या वर्गासाठी 'भूगोल' या विषयाचा नवीन सुधारित अभ्यासक्रम जून 2019 पासून स्वीकारलेला आहे. प्रस्तुत **'कृषी भूगोल'** या पुस्तकात कृषी भूगोलाच्या व्याख्या, स्वरूप, व्याप्ती, महत्त्व, कृषी भूगोलाचा व कृषीचा इतिहास व विकास, कृषीचे निकष किंवा कृषीवर परिणाम करणारे घटक, प्रमुख कृषी पद्धती, जे. एच. व्हॉन थुनेन यांचा भूमिउपयोजन सिद्धान्त, कृषी प्रादेशिकरणाच्या पद्धती, कृषीच्या समस्या, शाश्वत कृषी व प्रात्यक्षिक घटक या घटकांची माहिती सविस्तरपणे आकृत्या, नकाशे व तक्त्यांच्या आधारे दिलेली आहे. 'कृषी भूगोल' या विषयाचा अभ्यास करताना ती विद्यार्थ्यांना निश्चितच उपयोगी पडेल.

सदर पुस्तकाचे लिखाण क्रमबद्ध पद्धतीने केले आहे. सर्व विषयांची मांडणी अतिशय साध्या व सोप्या पद्धतीने केली आहे. तसेच भूगोलाच्या संकल्पनेची स्पष्ट कल्पना येण्यासाठी मराठी शब्दांबरोबरच इंग्रजी शब्द दिलेले आहेत. यामुळे सर्वसामान्य विद्यार्थ्यांना सर्व घटकांचे सहज आकलन होईल.

सदर पुस्तक लिहिताना आम्ही अनेक मराठी व इंग्रजी ग्रंथांचा आधार घेतलेला आहे. या सर्व ग्रंथकर्त्यांचे आम्ही ऋणी आहोत.

तसेच आम्हाला प्रेरणा देणारे व मार्गदर्शन करणारे श्री. स्वामी विवेकानंद शिक्षण-संस्थेचे कार्याध्यक्ष प्राचार्य **अभयकुमार साळुंखे**, सचिवा प्राचार्या **शुभांगी गावडे**; माजी सहसचिव प्राचार्य **डॉ. अशोक करांडे**, अर्थ सहसचिव व लालबहादूर शास्त्री महाविद्यालयाचे प्राचार्य **डॉ. राजेंद्र शेजवळ**, प्रशासन सहसचिव **डॉ. युवराज भोसले** व आर्ट्स ॲन्ड कॉमर्स कॉलेज नागठाणेचे प्राचार्य **डॉ. जे. एस. पाटील** यांचे मनःपूर्वक आभारी आहोत.

ज्यांच्या सहकार्यामुळे हे पुस्तक लिहिले गेले त्या आर्ट्स ॲन्ड कॉमर्स कॉलेज नागठाणेचे ग्रंथपाल **श्री. एल. एन. कुंभार**; लालबहादूर शास्त्री महाविद्यालय साताराचे ग्रंथपाल **सौ. हेमाडे मॅडम** यांचेही मनःपूर्वक आभार.

पुस्तक लेखनाचे काम गुरुजनांच्या व आप्तेष्ठांच्या उत्तेजनावर अवलंबून असते. या पुस्तकाचे लिखाण करताना पुढील गुरुजनांनी व आप्तेष्ठांनी प्रोत्साहन दिले. प्रा. डॉ. एस. एस. पन्हाळकर, प्रा. डॉ. एस. डी. शिंदे, प्रा. डॉ. एस. के. पवार, प्रा. डॉ. डी. एच. पवार,

प्रा. डॉ. डी. एस. शिंदे, प्रा. डॉ. जे. बी. सपकाळे, प्रा. डॉ. एम. बी. पोतदार, प्रा. डॉ. पी. टी. पाटील, प्रा. डॉ. एस. दंडपत (शिवाजी विद्यापीठ कोल्हापूर), प्रा. डॉ. एच. वा. कारंडे (कराड), प्रा. डॉ. आर. व्ही. हजारे (मुंबई), प्रा. डॉ. अरुण पाटील (आष्टा), प्रा. डॉ. सी. यू. माने (पाटण), प्रा. डॉ. अरुण पाटील, प्रा. डॉ. बी. एस. जाधव, प्रा. एच. पी. पाटील, प्रा. महादेव हांडे, प्रा. कृष्णा पात्रे, प्रा. डी. सी. कांबळे, प्रा. सोमनाथ गायकवाड, प्रा. अतिष पाटील (कोल्हापूर), प्रा. आर. बी. पाटील, प्रा. ए. टी. शिंदे, प्रा. एस. डी. चव्हाण, प्रा. शिंदे (जत), प्रा. डॉ. आर. के. चव्हाण, प्रा. डॉ. सुरेश झोडगे, प्रा. डॉ. माने-देशमुख, प्रा. डॉ. पी. आर. जाधव, प्रा. डॉ. बी. एम. माळी, प्रा. डॉ. सुधाकर कोळी, प्रा. डॉ. खाडे, प्रा. डॉ. अभिजित फटे (सातारा), प्रा. डॉ. सुभाष चवरे (कुंडल), प्रा. डॉ. जाधव (वाळवा), प्रा. डॉ. गायकवाड (मिरज), प्रा. डॉ. वाघ, प्रा. सचिन माळी (सांगली), प्रा. एस. डी. कांबळे, प्रा. डॉ. सुमिता थोरात, प्रा. सकरे, प्रा. डॉ. प्रवीण मळेकर, प्रा. नीलम देसाई (कराड), प्रा. डॉ. प्रसन्नकुमार पाटील (देऊर), प्रा. सावंत (रहिमतपूर), प्रा. संतोष माने (मंगळवेढा) यांचेही मनःपूर्वक आभार!

निराली प्रकाशन, पुणे या प्रकाशन संस्थेचे **श्री. दिनेशभाई फुरिया** व **श्री. जिग्नेशभाई फुरिया** यांनी आम्हाला पुस्तक लेखनाची संधी दिली याबद्दल आम्ही त्यांचे मनःपूर्वक आभारी आहोत.

निराली प्रकाशनच्या अक्षरजुळणीकार **सुरेखा लावंड** यांनी उत्कृष्ट अक्षरजुळणी केल्याने पुस्तकास सुबकता व नीटनेटकेपणा आला. त्यांना साहाय्य म्हणून **सौ. स्नेहल ग. गुळवणी** व **सौ. संध्या कोंडे-देशमुख** यांनी मुद्रितशोधनाची जबाबदारी यथोचित पार पाडली.

श्री. रवींद्र वाळोदरे यांनी आकर्षक मुखपृष्ठ तयार केले. **श्री. दामोदरप्रसाद गौड** यांनी पुस्तकाची आकर्षक छपाई केली त्याबद्दल सर्वांचे मनःपूर्वक आभार !

कोल्हापूरचे प्रतिनिधी **श्री. वीरधवल शिंदे** आणि सांगलीचे प्रतिनिधी **श्री. अशोक ननवरे** यांचीही आम्हाला मदत झाली. त्यांचेही मनःपूर्वक आभार !

सदर पुस्तकात काही उणिवा वा त्रुटी आढळल्यास त्या प्राध्यापक बंधू व विद्यार्थी मित्रांनी जरूर कळवाव्यात म्हणजे पुढील आवृत्तीत त्यांची दुरुस्ती करता येईल. या संयुक्त उपक्रमाचे आमचे प्राध्यापक बंधू व विद्यार्थी स्वागत करतील असा विश्वास वाटतो.

– प्रा. दिपक उद्धव गुरव
– प्रा. स्वाती नामदेव चव्हाण

SHIVAJI UNIVERSITY, KOLHAPUR
Revised Syllabus for B.A. II (Agricultural Geography) (CBCS)
(Implemented from June 2019 onwards)
Agricultural Geography - Semester IV : Paper VI

MODULE 1 : Introduction to Agricultural Geography
- 1.1 Definition, Nature, Scope and Significance of Agricultural Geography
- 1.2 Evolution of Agriculture : Ancient, Medieval and Modern Period
- 1.3 Determinants of Agriculture : Physical and Human (Economic, Social, Cultural, Political and Administrative)

MODULE 2 : Agriculture : Systems and Land-use Theory
- 2.1 Major Agricultural Systems : Nomadic Herding, Livestock Ranching, Shifting Cultivation, Intensive Subsistence Farming Commercial Farming and Horticulture
- 2.2 Von Thunen's Theory of Agricultural Land-use

MODULE 3 : Regionalization, Problems and Modern Concepts in Agriculture
- 3.1 Methods of Agriculture Regionalization : Crop Combination and Crop Diversification
- 3.2 Agricultural Problems : Physical and Non-physical (Economic, Social, Cultural and Political and Administrative)
- 3.3 Sustainable Agriculture

MODULE 4 : Practical (Theory Only)
- 4.1 Line Graphs
- 4.2 Bar Graphs
- 4.3 Divided Circle
- 4.4 Proportional Square

★★★

पेपर स्वरूप

प्रश्न	प्रश्नाचे स्वरूप	गुण
1.	रिकाम्या जागा भरा.	10
2.	टीपा लिहा. (6 पैकी 4)	20
3.	(अ) दीर्घोत्तरी प्रश्न **किंवा** (ब) दीर्घोत्तरी प्रश्न	10
4.	(अ) दीर्घोत्तरी प्रश्न **किंवा** (ब) दीर्घोत्तरी प्रश्न	10
	एकूण गुण	50

★★★

अनुक्रमणिका

★★★

कृषी भूगोलाची ओळख
(Introduction to Agricultural Geography)

कृषी हा मानवाचा प्रमुख व प्राथमिक व्यवसाय आहे. मानवाच्या दृष्टीने शेतीला (कृषीला) अनन्यसाधारण महत्त्व आहे. कारण मानवाच्या मूलभूत गरजांपैकी अन्न ही महत्त्वाची गरज कृषिव्यवसायातून परिपूर्ण होते. तसेच कृषिव्यवसायात कृषिप्रधान देशातील 75% पेक्षा जास्त लोकसंख्या प्रत्यक्ष व अप्रत्यक्षपणे गुंतलेली आढळते. तसेच शेतीमधून अन्नधान्याशिवाय इतर विविध कच्च्या मालाचे उत्पादनही होते. उदा., ऊस, कापूस, तंबाखू, फुले, फळे इत्यादी. यावर सुमारे 20 ते 30% उद्योगधंदे अवलंबून असतात. कृषी

म्हणजे फक्त जमिनीची मशागत नसून त्यामध्ये पशुपालन, रेशीम उद्योग, फलोत्पादन, फूल उत्पादन, मध संकलन, हरितगृह इ. अनेक घटकांचा समावेश होतो. त्याचबरोबर या कृषीच्या उत्पादनांवर उद्योगधंदे, बाजारपेठा, व्यापार व पर्यायाने वाहतूक व दळणवळण या गोष्टीही अवलंबून असतात. म्हणून कृषीचा अभ्यास महत्त्वपूर्ण ठरतो.

कृषी हा मानवाला स्थायी स्वरूप प्राप्त करून देणारा व्यवसाय आहे. तसेच अनेक देशांची अर्थव्यवस्था ही कृषीवर अवलंबून आहे. अनेक देशांतील राष्ट्रीय उत्पन्नात कृषी उत्पादनांचा मोठा वाटा आहे. विकसनशील देशांच्या उद्योगधंदे, व्यापार व दळणवळण या घटकांमध्ये कृषीची महत्त्वाची भूमिका आहे. त्यामुळे कृषी हा एक विशाल अभ्यासाचा विषय ठरतो.

कृषी या शब्दाला इंग्रजीमध्ये 'Agriculture' असे म्हणतात. मुळात 'Agriculture' ही संज्ञा लॅटिन शब्द 'Agricultura' पासून झालेली आहे. म्हणजे 'Ager a Cultura' हा या शब्दाचा मूळ शब्द आहे. यामध्ये 'Ager' म्हणजे 'Field' (क्षेत्र) आणि 'Cultura' म्हणजे 'Cultivate' (मशागत) असा अर्थ होतो. एकंदरीत 'Agricultura' म्हणजे जमिनीची मशागत करणे असा अर्थ होतो. जमिनीची मशागत करून तिच्यात बी पेरणे आणि पेरलेल्या बियांची व त्यांच्या रोपांची काळजी घेणे व त्यापासून उत्पादन घेणे याला कृषी किंवा शेती असे म्हणतात. कृषी या घटकावर भौगोलिक घटकांचा मोठा प्रभाव पडतो म्हणजेच भूपृष्ठरचना, मृदा, हवामान, पाऊस, जमिनीचे स्थान, मृदेचा पोत इ. घटक कृषी किंवा शेतीवर परिणाम करतात. म्हणूनच कृषीच्या सर्व क्रिया-प्रक्रिया या भौगोलिक घटकांवर अवलंबून असतात. याचा अर्थ असा होतो की कृषी किंवा शेती करताना भौगोलिक ज्ञान असणे आवश्यक असते. त्यामुळेच कृषीचा भौगोलिक दृष्टिकोनातून अभ्यास करण्यासाठी 'कृषी भूगोल' या शाखेची निर्मिती झालेली दिसून येते.

'कृषी भूगोल' म्हणजेच Agriculture Geography या शब्दाचा उगम ग्रीक व लॅटिन भाषांतून आलेला आहे. त्यामुळे कृषी भूगोलाचा अभ्यास हा प्राचीन काळापासून होत असलेला दिसून येतो. कृषी भूगोल ही कृषीच्या विविध घटकांचा, वैशिष्ट्यांचा, वितरणाचा व उपयोजनांचा अभ्यास करणारी शाखा आहे.

कृषी भूगोलाची ऐतिहासिक पार्श्वभूमी

कृषी भूगोलाची निर्मिती ही प्रामुख्याने मानवाच्या क्रिया व पृथ्वीवरील प्राकृतिक घटक यांच्या सहसंबंधातून झाली आहे. प्रामुख्याने मानवाच्या व्यवसायात कृषी हा प्राथमिक व्यवसाय आहे आणि या व्यवसायाचे आर्थिक घटकाशी तसेच प्राकृतिक घटकांशीही संबंध येतात. त्यामुळे कृषी भूगोलाची निर्मिती ही प्रामुख्याने प्राकृतिक तसेच आर्थिक घटकांशी संबंधित असलेली दिसून येते.

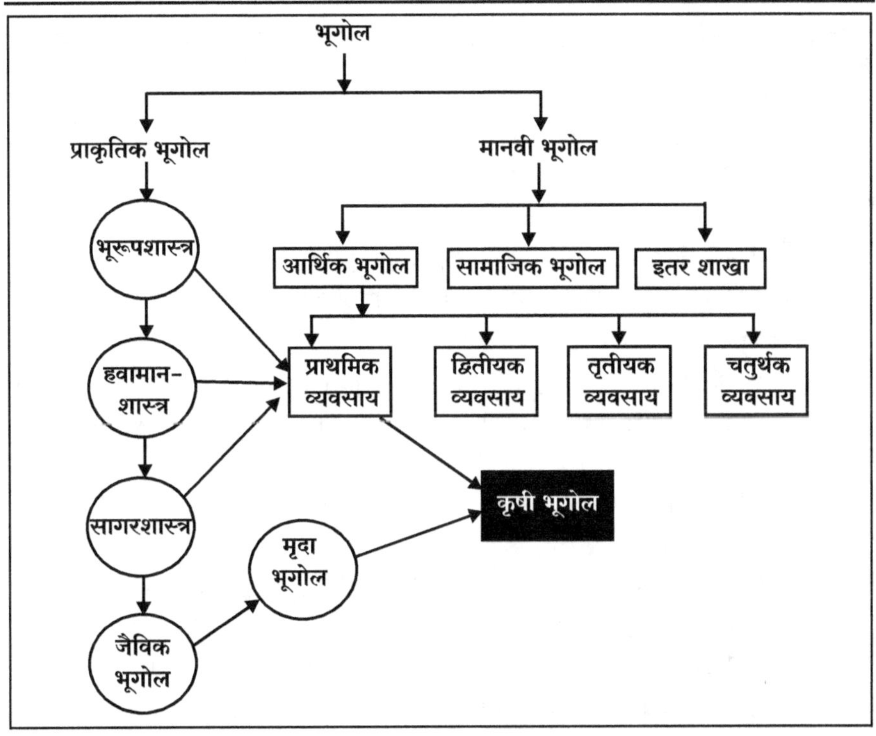

कृषी भूगोलाचा अभ्यास प्राचीन काळापासून होत आहे. यामध्ये ग्रीक, रोमन, अरब, भारतीय व चायनीज शास्त्रज्ञांनी आपल्या अभ्यासामध्ये कृषी भूगोलाचा उल्लेख केलेला दिसून येतो. तसेच त्यांनी जगामध्ये सापडणाऱ्या कृषी पद्धती, पिकांचे प्रकार, हवामान, पिकांमधील विविधता यांचा उल्लेख वेगवेगळ्या लिखाणातून केलेला आहे. तसेच अठराव्या शतकामध्ये हम्बोल्ट व कार्ल रिटर यांनी जगाच्या वेगवेगळ्या भागातील कृषीच्या पद्धती व नैसर्गिक घटक यांचा सहसंबंध स्पष्ट केला आहे. कृषी भूगोलावर पहिले पुस्तक 'ऑर्थर यंग' यांनी लिहिले. या पुस्तकाचे नाव 'इंग्लंडमधील पर्यावरण व पीक पद्धती' (Environment and Cropping Patterns in England) हे होते. हे पुस्तक 1970 साली इंग्लंड येथे प्रसिद्ध झाले. या पुस्तकात यंग यांनी पर्यावरण व कृषीच्या पद्धती यांच्या सहसंबंधाचे विवेचन केले आहे.

व्हॉन थुनेन यांनी पहिल्यांदा कृषिभूमी उपाययोजनांचा अभ्यास करून त्यावर सिद्धान्त मांडला आहे. तसेच जॉन्सन, हिलमन, रीड, कॉपॅक, सायमन, बेकर, व्हिटलसे, डडले स्टँप, शफी, विवर, टेलर व मॉर्गन या शास्त्रज्ञांनी कृषी भूगोलाचा सखोल अभ्यास केलेला दिसून येतो.

1.1 कृषी भूगोलाच्या व्याख्या, स्वरूप, व्याप्ती आणि महत्त्व

(Definition, Nature, Scope and Significance of Agricultural Geography)

1.1.1 कृषी भूगोलाच्या व्याख्या

(Definition of Agriculture Geography)

* ''कृषीविषयक क्रियांच्या स्थानिक भिन्नतेचा अभ्यास करणारे शास्त्र म्हणजे कृषी भूगोल होय.''

         – जॉन्सन

* "Agricultural Geography has been defined as the study of spatial variations in agricultural activity is called as agriculture geography."

         – Johnson

* ''कृषी भूगोल म्हणजे विविध देशांतील आणि खंडांतील कृषीचा तुलनात्मक अभ्यास होय.''

         – हिलमन

* "Agricultural Geography deals with a comparative study of agriculture of countries and continents."

         – Hillman

* ''कृषी भूगोल हे शेतीच्या प्रादेशिक विविधतेचा व त्यास कारणीभूत असलेल्या घटकांचा अभ्यास करणारे शास्त्र आहे.

         – बर्नहार्ड

* "Agriculture Geography as the study of regional variations in agriculture and the factors responsible for them."

         – Bernhard

* ''कृषी भूगोल म्हणजे कृषी वैशिष्ट्यांच्या प्रादेशिक विविधतेचे वर्णन व स्पष्टीकरण करणारे शास्त्र होय.

         – रीड

* "Agriculture Geography deals with the description and explanation of regional differentiation of agricultural characteristics."

         – Reed

* ''मानवाच्या जमिनीशी संबंधित शेतीकार्याचा अभ्यास म्हणजे कृषी भूगोल होय.''

         – सायमन

* "Agricultural Geography as man's husbandry of the land.

         – Symon

* ''कृषी भूगोल म्हणजे शेती व शेतीच्या विविध घटकांचा वैज्ञानिक दृष्टीने अभ्यास करणारे शास्त्र होय.

* ''कृषी जमिनीची मशागत, पिकांची लागवड, पिकांचे प्रकार व पद्धती व त्यामधील बदल यांच्यावर होणाऱ्या भौगोलिक परिणामांचा अभ्यास करणारे शास्त्र म्हणजे कृषी भूगोल होय.''

1.1.2 कृषी भूगोलाचे स्वरूप (Nature of Agricultural Geography)

कृषी भूगोल ही मानवी भूगोलाची महत्त्वाची शाखा मानली जाते. कृषी भूगोलात मानवाने कृषीमध्ये केलेल्या सर्व प्रक्रियांचा तसेच कृषीशी संबंधित अनेक घटकांचा अभ्यास केला जातो. यामध्ये प्राकृतिक व मानवी क्रिया-प्रक्रियांचा समावेश मोठ्या प्रमाणावर होतो. कृषी हा मानवाचा प्रमुख व प्राथमिक व्यवसाय आहे.

सुरुवातीच्या काळापासून ते आजअखेर कृषीमध्ये मोठे बदल झालेले दिसून येतात. त्यामुळे कृषी भूगोलाचे स्वरूपही सातत्याने बदलताना दिसून येते. कृषी भूगोलाचे स्वरूप खालीलप्रमाणे सांगता येईल.

(1) वर्णनात्मक स्वरूप (Descriptive Nature) : कृषी भूगोलामध्ये असणाऱ्या विविध विषयांचे अध्ययन वर्णनात्मक पद्धतीने केले जाते. उदा., एखाद्या विशिष्ट पिकाचा अभ्यास हा तालुका, जिल्हा, राज्य, देश व खंड या पातळीवर केला जातो. उदा., गव्हाची किंवा कापसाची शेती, ऊस, फळबागा इ. शेतीचे विवेचन वर्णनात्मक पद्धतीने केले जाते. तसेच या पिकासाठी लागणाऱ्या आवश्यक परिस्थितीचेही वर्णन करून अध्ययन केले जाते. म्हणून कृषी भूगोलाचे स्वरूप हे वर्णनात्मक असलेले दिसून येते.

(2) वितरणात्मक स्वरूप (Distributional Nature) : कृषी भूगोलात विविध पिकांचा व त्याखालील क्षेत्रांचा अभ्यास वितरणात्मक पद्धतीने केला जातो. उदा., जगामध्ये आढळणाऱ्या विविध पिकांचे वितरण (गहू, तांदूळ, ऊस, कापूस, फळबागा इ.) एखाद्या पिकाचा वितरणात्मक अभ्यास करत असताना तालुका, जिल्हा राज्य, देश व जागतिक पातळीवरही केला जातो. यामध्ये भौगोलिक परिस्थितीच्या वितरणाचाही अभ्यास केला जातो. त्यामुळे कृषी भूगोलाचे स्वरूप हे वितरणात्मक आढळते.

(3) प्रादेशिक स्वरूप (Regional Nature) : कृषी भूगोलामध्ये येणाऱ्या विषयांची विभागणी प्रादेशिक केल्यास तो अभ्यास अधिक चांगल्या प्रकारे होतो. हे विभाग प्रादेशिक घटकांच्या किंवा राजकीय सीमांच्या आधारावर करतात. यामध्ये त्या-त्या प्रदेशातील भूपृष्ठ रचना, मृदा, हवामान या भौगोलिक घटकांचाही विचार केला जातो. कारण प्रत्येक प्रदेशातील भौगोलिक घटकांवर त्या प्रदेशातील शेतीची अवस्था व विकास अवलंबून असतो. अनुकूल परिस्थिती असणाऱ्या प्रदेशात शेतीचा विकास होतो. त्यामुळे अशा भागाचा आर्थिक विकास घडून येतो. तसेच अशा भागात कृषी बाजारपेठांचा व कृषी प्रक्रिया उद्योगांचा विकास होतो. थोडक्यात, कृषी भूगोलाचा अभ्यास करत असताना प्रादेशिक स्वरूप हे महत्त्वाचे ठरते.

(4) तुलनात्मक स्वरूप (Comparative Nature) : कोणत्याही प्रदेशातील शेतीचा विकास हा त्या भागातील भौगोलिक परिस्थितीवर अवलंबून असतो. त्यामुळे काही

भागात विकसित तर काही भागात अविकसित शेती आढळते. त्यामुळे शेतीचा व प्रदेशांचा तुलनात्मक अभ्यास केला जातो. उदा., रशियातील गव्हाची शेती व भारतातील गव्हाची शेती, संयुक्त संस्थानातील कृषी प्रदेश व अर्जेंटिनातील कृषी प्रदेश इत्यादींचा तुलनात्मक अभ्यास करता येतो.

(5) **सांख्यिकीय स्वरूप (Statistical Nature) :** अलीकडच्या काळात कृषीचा अभ्यास फक्त वर्णनात्मक व तुलनात्मक राहिलेला नसून त्यामध्ये सांख्यिकीय स्वरूप आलेले दिसून येते. कृषीच्या वेगाने होणाऱ्या संशोधनामुळे व वाढत्या लोकसंख्येच्या वाढत्या कृषिमालाच्या मागणीमुळे कृषीच्या अभ्यासाचे स्वरूप संख्यात्मक झाले आहे. उदा., एखाद्या शेतीतील पिकाखालील क्षेत्र, पिकांचे हेक्टरी उत्पादन, खतांचे व कीटकनाशकांचे प्रमाण, बी-बियाणांचे प्रमाण, कृषीची उत्पादकता इ. घटकांचा अभ्यास सांख्यिकीय पद्धतीने केला जातो. म्हणून कृषी भूगोलाचे स्वरूप सांख्यिकीय झालेले दिसून येते.

(6) **बहुविध स्वरूप (Multidisciplinary Nature) :** कृषी भूगोलामध्ये फक्त पिकांचा व कृषिक्षेत्राचा अभ्यास केला जात नसून यामध्ये प्राकृतिक घटक जलसिंचन, पशुपालन, चारा उत्पादन, जमिनीची मशागत व पद्धती, पिकांचे प्रकार व पद्धती, शेतीचे स्वरूप व समस्या, शेतीच्या समस्यांचे उपाय इ. घटकांचाही अभ्यास केला जातो. त्यामुळे कृषी भूगोलाचे स्वरूप बहुविध आढळते. तसेच कृषी भूगोलात कृषिक्षेत्र व बाजारपेठा यांचा संबंध, कृषी व प्रक्रिया उद्योग यांचाही अभ्यास केला जातो.

(7) **वैज्ञानिक स्वरूप (Scientific Nature) :** कृषी भूगोल ही मानवी भूगोलाची शाखा असली तरी भूगोल हा विज्ञानाचा विषय आहे. त्यामुळे कृषी भूगोलात होणारा अभ्यास हा वैज्ञानिक स्वरूपाचा आढळतो. कृषी कार्यात समाविष्ट होणाऱ्या घटकांचा अभ्यास शास्त्रीय दृष्टिकोनातून केला जातो.

शेतीवर परिणाम करणारे घटक, शेतीच्या समस्या व त्या सोडविण्यासाठीचे उपाय यांचा अभ्यास शास्त्रीय पद्धतीने केला जातो. भूमिउपयोजन, शेतीच्या पद्धती, त्यात घेण्यात येणारी विविध पिके, शेतीची रचना, पीक केंद्रीकरण, पीक संगती व संयोग, शेतीची उत्पादकता, शेती तंत्रज्ञान इ. घटकांचे अध्ययन वैज्ञानिक पद्धतीने केले जाते म्हणून कृषी भूगोलाचे स्वरूप वैज्ञानिक आढळते.

1.1.3 कृषी भूगोलाची व्याप्ती
(Scope of Agriculture Geography)

कृषी भूगोलामध्ये विविध विषयांचा अभ्यास अंतर्भूत आहे. त्यामुळे या विषयाचे क्षेत्र फार मोठे आहे. खालील मुद्द्यांवरून व्याप्तीची कल्पना येते.

(1) कृषीचा उगम व विकास : कृषी भूगोल ही मानवी भूगोलाची महत्त्वाची शाखा आहे. तसेच कृषी हा मानवाचा प्राथमिक व प्रमुख व्यवसाय आहे. त्यामुळे या विषयाचे अध्ययन करताना जगात शेतीचा उगम केव्हा व कसा झाला हे समजून घेतले पाहिजे. मानवाच्या सुरुवातीच्या काळात शेतीला प्रारंभ झाला व त्याच्याशी संबंधित इतर गोष्टी सुरु झाल्या. म्हणून कृषी भूगोलाच्या अभ्यासामध्ये प्रथमतः कृषीच्या उगमाचा व विकासाचा अभ्यास केला जातो.

(2) कृषी भूमिउपयोजन : कृषी भूगोलामध्ये कृषी भूमिउपयोजनाचे अध्ययन महत्त्वाचे ठरते. कृषीमध्ये विविध प्रकारची पिके घेतली जातात. यामध्ये अन्नधान्य पिके, बागायती पिके, रोखीची पिके प्रमुख असतात. तसेच कोरडवाहू व बागायती, खरीप व रब्बी असेही पिकांचे दोन विभाग होतात. कधी-कधी एकाच वेळेस दोन किंवा विविध पिकांचे उत्पादन घेतले जाते तर काही ठिकाणी कुरणे व पशूंसाठी पडीक जमीन ठेवली जाते. वरील सर्व पिके व कृषीखालील जमिनीचे क्षेत्र हे कृषी भूमिउपयोजन दर्शविते. त्यामुळे कृषी भूमिउपयोजन हा कृषी भूगोलाच्या अध्ययनाचा महत्त्वाचा भाग आहे.

(3) पिकांचा अभ्यास : शेतीमध्ये घेतली जाणारी विविध पिके हा कृषी भूगोलाचा अत्यंत महत्त्वाचा विषय आहे. यामध्ये अन्नधान्य पिके (गहू, तांदूळ, ज्वारी, बाजरी, मका इ.), नगदी पिके (कापूस, ऊस, चहा, कॉफी, रबर इ.), फळ पिके (डाळिंब, द्राक्षे, आंबा, पेरू, संत्री, चिकू इ.) यांचा अभ्यास महत्त्वपूर्ण आहे. या पिकास लागणारी भौगोलिक परिस्थिती तसेच त्यांचे वितरण, उत्पादन व उत्पादकता यांचाही अभ्यास कृषी भूगोलात केला जातो.

(4) कृषी जलसिंचन : ज्या प्रदेशात पर्जन्य कमी व अनिश्चित स्वरूपाचे असते त्या भागात जलसिंचन महत्त्वाचे ठरते. जलसिंचनामुळे पिकांची विविधता निर्माण होते. तसेच उत्पादन व उत्पादकता वाढते. जलसिंचनामुळे एकंदरीत कृषी विकासास मदत होते. त्यामुळे कृषी भूगोलात जलसिंचनाची साधने, प्रकार जलसिंचनाखाली असलेले क्षेत्र, जलसिंचनाच्या अवस्था व समस्या तसेच जलसिंचनाचे स्रोत यांचा सखोल अभ्यास केला जातो.

(5) पिकांसाठी आवश्यक परिस्थिती : शेती ही भौगोलिक परिस्थितीवर अवलंबून आहे. यामध्ये प्राकृतिक घटकांचा समावेश होतो. उदा., शेतीसाठी मैदानी सुपीक प्रदेश, नद्यांची खोरी, अनुकूल तापमान, योग्य हवामान हे घटक अनुकूल असतात. म्हणून अशा भागात शेतीचा विकास होतो. तसेच निरनिराळ्या पिकांसाठी वेगवेगळी परिस्थिती लागते. उदा., चहा, कॉफी व रबर या पिकांसाठी उष्ण कटिबंधीय हवामान, कापसासाठी उष्ण, कोरडे हवामान व काळी जमीन, गव्हासाठी समशीतोष्ण प्रकारचे हवामान लागते.

प्राकृतिक घटकाव्यतिरिक्त वाहतूक, भांडवल, बाजारपेठा, सांस्कृतिक घटक इ. मानवी घटकांचाही अभ्यास कृषी भूगोलात होतो.

(6) शेतीच्या पद्धती व प्रकार : शेतीच्या पद्धती व प्रकार यांचा अभ्यास कृषी भूगोलात महत्त्वाचा ठरतो. जगामध्ये शेतीच्या अनेक पद्धती व प्रकार आढळतात. भौगोलिक परिस्थितीवर या पद्धती किंवा प्रकार अवलंबून असतात. उदा., जंगल क्षेत्रात भटकी शेती तर कुरण क्षेत्रात कुरणांचे पशुपालन केले जाते.

तसेच जगाच्या बऱ्याच भागात स्थायी उदरनिर्वाहाची शेती केली जाते. तसेच जमिनीचे क्षेत्र कमी व लोकसंख्या जास्त असलेल्या भागात सखोल शेती तर कमी लोकसंख्या व जमिनीचे क्षेत्र जास्त असलेल्या भागात विस्तृत शेती केली जाते. त्याबरोबरच रोखीची पिके, बागायती पिके, फळबागा, फूलशेती यांचाही अभ्यास कृषी भूगोलात केला जातो.

(7) कृषी व कृषिमालावर आधारित उद्योगधंदे : कृषीसंबंधी उद्योगधंद्यांमध्ये खते व कीटकनाशके, औषध, ज्यूस उद्योग, जिनिंग, प्रेसिंग, कापड उद्योग, ताग कारखाने, साखर उद्योग, तेल गिरण्या, तंबाखू कारखाने, बिडी व सिगारेट उद्योग इत्यार्दींचा यात समावेश होतो. या सर्व उद्योगांच्या अभ्यासाबरोबरच या उद्योगासाठी आवश्यक असणाऱ्या परिस्थितीचाही अभ्यास केला जातो.

(8) कृषी बाजारपेठा : शेतीमध्ये उत्पादित होणारा कच्चा माल तसेच कृषि-मालावर आधारित उद्योगधंद्यामधून निर्माण होणारा माल यांच्या विक्रीसाठी कृषी बाजारपेठा महत्त्वाच्या असतात. या बाजारपेठांचा अभ्यास कृषी भूगोलात केला जातो. कृषी बाजारपेठांमध्ये कांदा, हळद, गुळ, भुसार माल, लसूण, भाजीपाला, फळे यांची खरेदी-विक्री मोठ्या प्रमाणात होत असते. याचा अभ्यासही कृषी भूगोलात अंतर्भूत असतो.

(9) कृषी प्रादेशिकरण : अलीकडच्या काळात कृषी भूगोलाच्या अभ्यासात कृषी प्रादेशिकरणाला मोठ्या प्रमाणावर महत्त्व आहे. यामध्ये संख्यात्मक व गुणात्मक घटकांच्या आधारे कृषीचे विभाग तयार केले जातात. याचा अभ्यास कृषी भूगोलात केला जातो. उदा., पीक केंद्रीकरण, पीक संयोग, पीक उत्पादकता, पीक नमुने, पीक व वैविधीकरण, पीक फेरफार इत्यादी.

(10) कृषी समस्या व उपाय : कृषी भूगोलात कृषीचा अभ्यास करत असताना अनेक भागांमध्ये वेगवेगळ्या भौगोलिक परिस्थितीमुळे व मानवी घटकांमुळे निरनिराळ्या समस्या निर्माण होतात. तसेच या समस्या सोडविण्यासाठी त्यावर उपाय सुचविले जातात. या सर्व घटकांचा अभ्यास कृषी भूगोलात केला जातो. कृषीच्या समस्यांमध्ये नैसर्गिक, आर्थिक व सामाजिक या महत्त्वाच्या समस्या येतात.

1.1.4 कृषी भूगोलाचे महत्त्व
(Significance of Agriculture Geography)

अलीकडच्या काळात कृषी भूगोलाचे महत्त्व वाढत आहे ते पुढीलप्रमाणे सांगता येईल.

1. कृषिप्रधान देशात कृषीसंबंधी निर्णय घेण्यासाठी कृषी भूगोलाचे अध्ययन महत्त्वाचे ठरते.

2. विविध पिकांचे जागतिक वितरण, उत्पादन व उत्पादकता यांची माहिती मिळते.

3. कृषी भूगोलामुळे जगातील प्रत्येक देशातील कृषीच्या कच्च्या मालाच्या उत्पादनाची माहिती मिळते.

4. कृषी तज्ज्ञांना शेतीच्या विविध अभ्यासासाठी कृषी भूगोलाची मदत होते.

5. खाद्य अन्नाच्या उत्पादनाच्या माहितीसाठी व नियोजनासाठी अर्थतज्ज्ञांना कृषी भूगोलाची मदत होते.

6. जागतिक कृषी प्रदेश किंवा क्षेत्रांचा तुलनात्मक अभ्यास करता येतो.

7. कृषी भूगोलाच्या अभ्यासाने शेतीक्षेत्रातील तंत्रज्ञ व अभ्यासक यांच्या मदतीने शेतीची रचना सुधारण्यास मदत होते.

8. कृषी भूगोलाच्या अभ्यासाने देशातील खाद्यान्न व लोकसंख्या यांच्या सहसंबंधाचा अभ्यास करता येतो.

9. शेतीस कृत्रिम पाणीपुरवठा करण्यासाठी प्रदेशाच्या भौगोलिक परिस्थितीचा अभ्यास करून जल अभियंत्यांना जलसिंचनाचे आराखडे तयार करण्यासाठी कृषी भूगोलाची मदत होते.

10. प्रादेशिक नियोजनकर्त्यांना देशातील कृषिक्षेत्राच्या आधारे करमणुकीच्या स्थळांसाठी अनुकूल स्थाने निवडता येतात.

11. कृषी भूगोलाच्या अभ्यासामुळे कृषिमालाच्या वाहतुकीसाठी रस्ते व लोहमार्गांच्या वाहतुकीचे आराखडे तयार करता येतात.

12. कृषिक्षेत्रात शहरामध्ये बाजारपेठांच्या स्थापनेसाठी व विकासासाठी कृषी भूगोलाचा अभ्यास महत्त्वाचा ठरतो.

13. कृषी भूगोलाच्या अभ्यासाने देशातील शेतीचे तेथील परिस्थितीनुसार सार्वजनिक सेवा, सुविधा, उपयोगी गोष्टींचे नियोजन करता येते.

14. शेतकरी, प्रशासक, नियोजनकार, व्यवस्थापक, संशोधक, पर्यावरण तज्ज्ञ या सर्वांना अध्ययनासाठी योग्य माहिती कृषी भूगोलाद्वारे मिळते.

15. कृषिमालावर आधारित उद्योगधंदे स्थापन करण्यासाठी कृषी भूगोलाची मदत होते.

1.2 कृषीचा उगम व इतिहास
(Origin and History Agriculture)

कृषी हा मानवाचा प्राचीन काळापासूनचा एक प्रमुख व्यवसाय आहे. कृषी म्हणजे उपलब्ध जमिनीतून मनुष्यबळ, यंत्रे, खते व आधुनिक तंत्रे यांच्या साहाय्याने पिकांचे उत्पादन घेण्याची कला होय. अलीकडच्या काळात पिकांच्या उत्पादनाबरोबरच पशुपालन, कुक्कुटपालन, मत्स्यपालन, दुग्धोत्पादन, फलोत्पादन, मधसंकलन व रेशीम उद्योग यांचाही शेतीव्यवसायात समावेश होतो.

शेतीचा उगम हा नेमका कसा व कोठे झाला याबाबत निश्चित माहिती नाही. परंतु अनेक शास्त्रज्ञांनी आपल्या संशोधनावरून व आढळलेल्या प्राचीन अवशेषांवरून आपली मते बनविली आहेत. अगदी सुरुवातीच्या काळात म्हणजे सुमारे दहा हजार वर्षांपूर्वी मानव हा भटक्या अवस्थेत होता. त्या वेळी तो प्राण्यांची शिकार व कंदमुळे गोळा करून आपली उपजीविका करीत होता. त्यानंतर मानवाने हळूहळू वस्त्या निर्माण केल्या परंतु ही वस्ती ठरावीक किंवा थोड्या काळासाठीच असे व नंतर तो नवीन ठिकाणी वस्ती करीत असे. या काळात घरामध्ये स्त्रिया असत व पुरुष हे शिकारीसाठी जात असत. काही वेळा या गोळा केलेल्या फळांच्या बिया पडल्या असता त्यापासून नवीन झाड उगवते ही क्रिया माहीत झाल्यावर त्यांनी अशा बिया जमिनीत पुरल्या. या घटनेतून मानवाला प्रथम शेतीची किंवा कृषीची कल्पना सुचली. नंतर या घटनेचे अनुकरण करण्याचे प्रयत्न सातत्याने सुरू राहिल्याने शेतीचा विकास होत गेला. त्यामुळे मानवाचे पूर्वीचे भटके जीवन स्थिर होण्यास मदत झाली.

सुरुवातीला मानव जमिनीत हाताने किंवा दगडाच्या साहाय्याने शेती करत असे. यातून मिळणारे उत्पन्न अल्प असल्याने त्याला शिकारीवर अवलंबून राहावे लागत असे. वाढत्या लोकसंख्येमुळे शेतीच्या लागवडीत मोठ्या प्रमाणात वाढ झाली. सुरुवातीला शेतीचे स्वरूप स्थलांतरित होते. त्यानंतर मात्र हवामान, खते, पाणी, भूरचना इ. घटकांचे ज्ञान अवगत झाले. त्यामुळे शेतीतून मिळणाऱ्या उत्पन्नात वाढ झाली. या वाढीमुळे मानवाच्या शेतीचा विकास झालाच परंतु त्याबरोबर मानवाच्या वस्तीचा व समाजाचाही विकास होत गेला.

1.2.1 कृषीचा उगम (Origin of Agriculture)

जगामध्ये शेतीची सुरुवात ही कोणत्या प्रदेशात झाली असावी याबाबत अनेक शास्त्रज्ञांची वेगवेगळी मते आहेत. परंतु रशियन जैव भूगोलतज्ज्ञ व्हॅविलोव (Vavilov) यांनी जगातील अनेक भागांचा अभ्यास करून व पुराण संशोधनावरून शेतीच्या उगमाचे प्रमुख आठ प्रकार सांगितले आहेत. व्हॅविलोव यांनी आपल्या या कृषी उगमाच्या प्रदेशांची माहिती जगासमोर 1949 साली आणली. या प्रकारांना कृषीची जननकेंद्रे असेही म्हणतात.

(1) नैर्ऋत्य आशिया : नैर्ऋत्य आशियामध्ये इ.स.पूर्व 8000 वर्षांपूर्वी शेतीस प्रारंभ झालेला दिसून येतो. यामध्ये तुर्कस्तान, पॉलेस्टाईन, इराण, इराक, जॉर्डन, इस्रायल, लेबनॉन व सीरिया इ. भागांत शेती व पशुपालनास सुरुवात झाली. हे जेरिको, टॅमद, हरण व बेतसैदा इ. ठिकाणच्या उत्खननात सापडलेल्या गहू व बार्ली या पिकांच्या माहितीवरून समजते. या प्रदेशात पशुपालनाचा व्यवसायही केला जात होता. या भागात नाईल नदीच्या पाण्याचा सिंचनासाठी प्रामुख्याने वापर केला जात असे. या भागात गहू, बार्ली, फ्लॅक्स, कोबी, कांदा, लसूण व काही फळांचे उत्पादन घेतले जात होते.

(2) आग्नेय आशिया : आग्नेय आशियामध्ये इ.स.पूर्व 4500 वर्षांपूर्वी शेतीस प्रारंभ झाला असावा असे अनेक शास्त्रज्ञांचे मत आहे. कृषी भूगोल शास्त्रात सॉवर (Sauer) यांच्या मते आग्नेय आशिया हे जगातील एक जुने कृषीचे जननकेंद्र आहे. आग्नेय आशियामध्ये इ.स.पूर्व 4500 वर्षांपूर्वी शेतीस प्रारंभ झाला. असे असले तरी सध्याच्या पुराणवस्तू संशोधनावरून असे दिसून येते की थायलंड या भागात इ.स. पूर्व 9000 मध्ये शेंगदाण्याची लागवड झाली असावी.

आग्नेय आशियामधील कृषीच्या जननकेंद्रात भारत, पाकिस्तान, बांगलादेश, श्रीलंका, म्यानमार, थायलंड, लाओस, कंबोडिया, व्हिएतनाम, मलेशिया, इंडोनेशिया व फिलिपिन्स या प्रदेशांचा समावेश होतो. या प्रदेशात भात (Oryza Sativa) हे प्रमुख पीक होते. तसेच ऊस, नारळ, बांबू, आंबा, केळी, वांगी, काकडी, उष्ण कटिबंधीय फळे, शेंगदाणे (भुईमूग) इ. पिकांची सुरुवात आग्नेय आशियात झाली असावी.

(3) चीन व जपान : चीन व जपान या भागात इ.स.पूर्व 6000 वर्षांपूर्वी शेतीस प्रारंभ झालेला दिसून येतो. चीनमधील होयांग हो नदीच्या खोऱ्यात शेतीचा उगम झालेला आहे. तसेच लोएस पठार, मंचुरिया, कोरिया व जपान या भागांतही शेतीचा उगम झाला आहे. या ठिकाणी भात, कडधान्ये, सोयाबीन, बटाटे, कापूस, भाजीपाला, मलबेरी (Silk), शेंगदाणे, सोरघम इ. पिकांची सुरुवात झाली. या भागात जलसिंचनाच्या पद्धतीची सुरुवात नंतर झाली. त्या आधी या ठिकाणची शेती नैसर्गिक आर्द्रता व दवांवर अवलंबून होती.

(4) मध्य आशिया : मध्य आशिया या भागात इ.स.पूर्व 4000 ते इ.स.पूर्व 3000 या काळात शेतीस प्रारंभ झालेला दिसून येतो. यामध्ये अफगाणिस्तान, उझबेकिस्तान, कझा- किस्तान, तुर्कमेनिस्तान व तझाकिस्तान या प्रदेशांचा समावेश होतो. प्रामुख्याने कॅस्पियन समुद्राच्या पूर्व भागात या भागातील शेतीस सुरुवात झाली असावी. तसेच या भागातील शेतीस सुरुवातीपासूनच जलसिंचनाच्या सुविधा उपलब्ध होत्या. मध्य आशियामध्ये मिश्र शेतीला म्हणजेच पिकांचे उत्पादन व पशुपालन यावर भर होता. यामध्ये फ्लॅक्स, मटार, अक्रोड, बदाम, पिस्ता, द्राक्ष, खरबूज, गाजर, कांदा, लसूण, मुळा व पालक इ. पिकांचा समावेश होता.

(5) भूमध्यसागरी : भूमध्यसागरी भागात इ.स.पूर्व 4000 वर्षांपूर्वी शेतीस सुरुवात झाली असावी असे अनेक शास्त्रज्ञांचे मत आहे. यामध्ये भूमध्यसागरी भागातील किनाऱ्याचा समावेश होतो. म्हणजेच स्पेन, फ्रान्स, इटली, पोर्तुगाल, अल्बेनिया, बोसानिया, सरबिया, युगोस्लाव्हिया व सायप्रस इ. प्रदेशांचा समावेश होतो. या जननकेंद्रात फ्लॅक्स, ओट, अंजीर, द्राक्ष, ओक यांसारख्या पिकांची सुरुवात झाली तर शतावरी, कोबी, ओवा, टोमॅटो, कांदा, लसूण इ. भाज्यांची सुरुवात झालेली दिसून येते.

(6) आफ्रिका : आफ्रिकेमध्ये इ.स.पूर्व 5000 वर्षांपूर्वी शेतीस सुरुवात झाली. यामध्ये पश्चिम व पूर्व आफ्रिकेचा भाग येतो. प्रामुख्याने नाईल नदीच्या दक्षिण भागात शेतीस सुरुवात झाली. या भागात नैर्ऋत्य आशियातून सागरीमार्गे शेतीचा प्रसार झाला आहे. या भागात गहू, बार्ली, कापूस व फ्लॅक्स या पिकांच्या उत्पादनाबरोबर शेळ्या, मेंढ्या व डुकरांचे पालन होत होते.

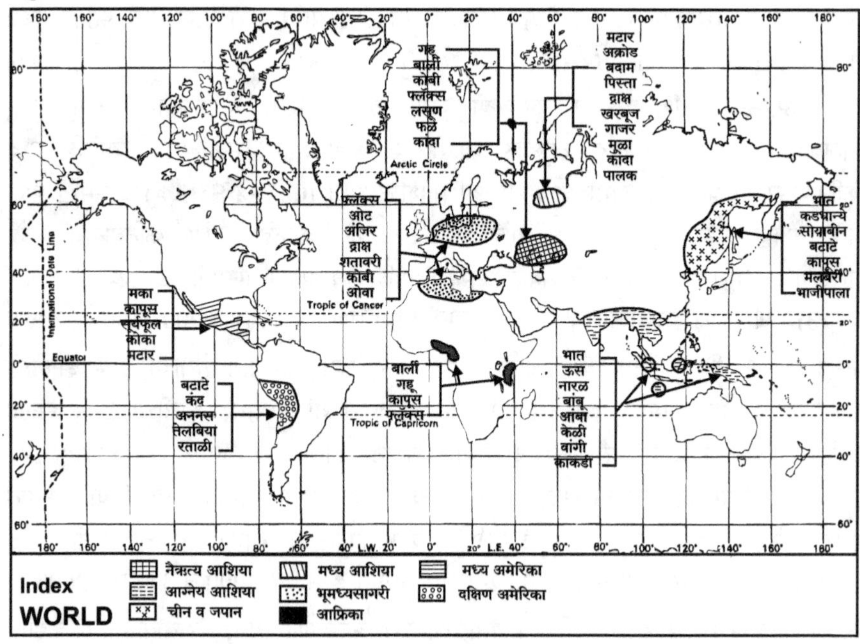

(7) मध्य अमेरिका : मध्य अमेरिकेमध्ये इ.स.पूर्व 3500 वर्षांपूर्वी शेतीस सुरुवात झाली. यामध्ये मेक्सिको, ग्वारेमाला, कोस्टारिका, होन्डूरास, सॅल्वाडोर व पनामा इ. प्रदेशांचा समावेश होतो. या जननकेंद्रात कोको, गहू, मका, टोमॅटो, बटाटे व वाटाणा यांसारख्या पिकांची सुरुवात झाली व त्यानंतर या भागातून उत्तर व दक्षिण अमेरिकेत शेतीचा प्रसार झाला. तसेच या भागात भोपळा, तंबाखू, सूर्यफूल इ. महत्त्वाच्या पिकांची सुरुवात आढळते.

(8) दक्षिण अमेरिका : दक्षिण अमेरिकेमध्ये शेतीची सुरुवात ही इ.स.पूर्व 7000 ते इ.स.पूर्व 3000 या काळातील दिसून येते. यामध्ये ब्राझील, पेरू, अर्जेंटिना, इक्वॉडोर, बोलिव्हिया इ. प्रदेशांचा समावेश होतो. या जननकेंद्रात प्रामुख्याने बटाटे, रताळी, तेलबिया, कंद, सोयाबीन इ. पिकांची सुरुवात झाली.

1.2.2 कृषीचा इतिहास व विकास
(History and Development of Agriculture)

कृषी हा मानवाचा प्रमुख मूलभूत व सुरुवातीचा व्यवसाय समजला जातो. तसेच जगामध्ये शेतीचा उगम हा प्रामुख्याने इ.स.पूर्व 12,000 ते इ.स.पूर्व 10,000 वर्षांपूर्वीचा असलेला दिसून येतो. या काळापासून ते आजपर्यंत शेतीमध्ये आमूलाग्र बदल व विकास झाला आहे. यामध्ये मानवाने शेतीचा विकास करताना प्राकृतिक, आर्थिक तसेच सामाजिक घटकांचे सहकार्य घेतलेले आहे.

(1) अश्मयुग : मानवाने केलेल्या अनेक वेगवेगळ्या संशोधनावरून व पुरातन वस्तू यांच्या उत्खननावरून शेतीच्या विकासाचा इतिहास मिळतो. यावरून शेतीची सुरुवात ही अश्मयुगातील आहे हे स्पष्ट होते. इ.स.पूर्व 10,000 वर्षांपूर्वी नैर्ऋत्य आशिया व भूमध्य सागरी प्रदेशात शेतीच्या खुणा आढळून आलेल्या आहेत. अश्मयुगातील लोक हे प्रामुख्याने फळे-कंदमुळे गोळा करणे, शिकार, मासेमारी इ. व्यवसायांत गुंतलेले होते. यातूनच त्यांना कृषीची कला अवगत होऊन त्यांनी गहू व बार्ली यांसारख्या पिकांची लागवड सुरू केली. त्या काळात ही शेती भटकी किंवा स्थलांतरित स्वरूपाची होती. या शेतीसाठी लोक दगडी व लाकडी साधनांचा वापर करीत होते. काही कामे हाताने केली जात होती. या शेतीबरोबरच काही लोक पशुपालनही करत होते. या काळात प्रामुख्याने लोक भटके जीवन जगत असल्याने शेतीचे स्वरूपही भटके व प्राथमिक असलेले दिसून येते.

(2) इतिहासपूर्व काळ : इतिहासपूर्व काळात म्हणजेच इ.स.पूर्व 6000 वर्षांपूर्वी जगाच्या काही भागात शेतीचा विकास झालेला दिसून येतो. यामध्ये इजिप्त, रशिया, इटली, फ्रान्स, स्पेन व चीन या देशांचा समावेश होतो. या कालखंडात चीनच्या होयाँग हो नदीच्या खोऱ्यात शेती मोठ्या प्रमाणात उदयास आलेली दिसून येते. या ठिकाणी भात, पाम, चहा व ऊस या प्रमुख पिकांची लागवड होत होती. यासाठी काही प्रमाणात दगडी व लाकडी अवजारांचा वापर होत होता. परंतु इ.स.पूर्व 5000 ते इ.स.पूर्व 4000 या कालखंडात मेसोपोटेमिया येथे नांगराचा शोध लागला. त्यामुळे शेतीच्या मशागतीत आमूलाग्र बदल झाला. या शोधामुळे शेतीची खोलवर मशागत सुरू झाली व पिकांमध्ये वाढ होऊन कापूस, ताग, वाटाणा, रसाळ फळे व कांदा या पिकांची भर पडली. तर काही भागात शेळ्या, मेंढ्या इ. पाळीव प्राण्यांचा वापर वाढला. यामुळे बऱ्याच भागात शेतकऱ्यांचे अस्तित्व व स्थायी वसाहतींचे स्वरूप निर्माण झाले.

(3) इतिहास प्रारंभ काळ : इतिहास प्रारंभ काळ हा कृषीच्या विकासातील तसेच मानवाच्या विकासातील ही महत्त्वाचा काळ समजला जातो कारण या काळात इ.स.पूर्व 3500 रशियामध्ये चाकाचा शोध लागला. त्यामुळे कृषीला वाहतुकीच्या साधनांची जोड मिळाली. त्याचबरोबर अनेक वेगवेगळ्या धातूंच्या शोधामुळे धातुरूपी अवजारांची निर्मिती होऊ लागली. त्यामध्ये तांब्याच्या धातूचा व अवजारांचा महत्त्वाचा शोध लागल्यामुळे या काळास 'तांबेयुग' असे म्हटले गेले. त्यानंतर शेतीसाठी पाण्याचा पुरवठा व जलस्रोतांचा विकास यामुळे शेतीच्या विकासात मोलाची भर पडली. यामुळे अन्नधान्य, कापूस, फळे यांचे उत्पादन वाढलेच पण पशुपालनाचा व्यवसायही विकसित झाला. या काळात लोकसंख्येमध्ये बदल झाले शेतीसाठी मजूर पुरवठ्यांची उपलब्धता झाली त्यामुळे शेतीचा विस्तार वाढत गेला.

(4) मध्ययुगीन पूर्वकाळ : या काळात अनेक लोक वेगवेगळ्या प्रदेशात प्रवास करू लागले त्यामुळे शेतीच्या प्रकाराचा व प्रसाराचा विकास झाला. यामध्ये मका, बाजरी, गहू, बार्ली, तेलबिया, रसाळ फळे यांचा वेगवेगळ्या ठिकाणी प्रसार झाला. या काळात युरोप खंडात अनेक वेगवेगळी संशोधने झाली. त्यामध्ये सुधारित नांगराचा जन्म झाला. त्यामुळे शेतीतील अवजारांमध्ये भर पडली. यामध्ये नांगर, कुदळ, फावडे, कोयता, खुरपी, टिकाव या अवजारांचा वापर वाढला. आशिया खंडातील वाढत्या लोकसंख्येमुळे शेतकऱ्यांच्या वसाहती निर्माण झाल्या. तसेच ग्रीक व रोमन लोकांनी वसाहती स्थापन करून शेतीच्या प्रगतीत भर घातली व उपसा सिंचन योजनेने शेतीच्या विकासातील महत्त्वाचा टप्पा पूर्ण केला.

(5) मध्ययुगीन काळ : या काळात आशिया व युरोप खंडाच्या काही भागात कृषी तंत्रज्ञानाचा विकास झाला. तसेच या तंत्रज्ञानाचा प्रसार व प्रचार इतर भागात झाल्याने शेतीमध्ये वाढ व विकास दोन्हीमध्ये बदल झाले. वाढत्या नांगराच्या वापरामुळे शेतीच्या विकासाला चालना मिळाली तसेच हिरव्या खतांचा शोध लागून त्याचा वापर शेतीमध्ये वाढला व कोरडवाहू शेतीचा प्रसार झाला. याच काळात पाळीव प्राण्यांचा म्हणजेच घोडा, गाढव, खेचर, उंट इत्यादींचा शेतामध्ये व वाहतुकीमध्ये वापर होऊ लागला. याच काळात अरब लोकांनी भूमध्य समुद्राच्या भागात रसाळ फळांची शेती सुरु केली.

(6) मध्ययुगीन उत्तर काळ : या काळात जगाच्या बऱ्याच भागात शेतीचा विकास झाला. तसेच पूर्वीच्या शेतीमध्ये बदल होऊन त्यामध्ये सुधारित शेतीचे स्वरूप निर्माण झाले. या काळात म्हणजेच 16 व्या ते 18 व्या शतकाच्या दरम्यान अनेक यंत्रे व पशू शेतीमध्ये वापरण्यास सुरुवात झाली. तसेच 16 व्या शतकातील पेरणी यंत्राच्या निर्मितीमुळे शेतीच्या पद्धतीत आमूलाग्र बदल झाले. त्यामध्ये शेतीचा वेगाने विस्तार होऊन शेतजमिनीची वाढ होत गेली. तसेच पशुपालनातून दूध, मांस, लोकर यांचे उत्पादन सुरु

झाले. मका, बटाटा, फळे, कडधान्ये या पिकांचा प्रसार जगातील अनेक भागात झाला. तसेच चहा, कॉफी, रबर या बागायती पिकांमध्ये वाढ होऊन त्याचाही सर्वत्र प्रसार झाला.

(7) **आधुनिक कालखंड :** या काळात शेतीचा विकास जोमाने होत असताना त्याला औद्योगिकीकरणाची जोड मिळाली. त्यामुळे अनेक प्रकारची लोखंडी अवजारे, विद्युत उपकरणे, स्वयंचलित यंत्रे यांच्या निर्मितीत व वापरात वाढ झाली. शेतीतून उत्पादित होणाऱ्या मालावर उद्योगांची स्थापना झाली. तसेच प्रक्रिया उद्योग सुरू झाले त्यामुळे शेतमालाची मागणी वाढली, पर्यायाने शेतीचा विकास वाढू लागला. कृषी व औद्योगिकीकरणाला वाहतूक व व्यापाराची साथ मिळाल्यामुळे या काळात शेतीचे स्वरूप पूर्ण बदलले व व्यापारी दृष्टिकोन निर्माण झाला.

तसेच या काळात म्हणजेच 18 व्या व 19 व्या शतकात खतनिर्मिती व कीटकनाशक निर्मितीचे कारखाने सुरू झाले त्यामुळे परंपरागत शेतीमध्ये बदल होऊन त्यामध्ये फळे, फुले, भाजीपाला व मसाल्यांच्या पदार्थांचे उत्पादन वाढत गेले.

अलीकडच्या काळात हरित क्रांतीमुळे शेतीचे संपूर्ण अस्तित्वच बदलले आहे. वाढत्या लोकसंख्येची भूक भागविण्यासाठी ठरावीक क्षेत्रफळाच्या शेतीतून भरघोस उत्पादन वाढविण्याच्या हेतूने शेतीत सुधारित बी-बियाणे, खते, तंत्रज्ञान, कीटकनाशके यांचा वापर वाढला. यामध्ये नॉर्मन बोरलॉग या शास्त्रज्ञाने जैव तंत्रज्ञानाच्या शोधामुळे शेतीत वैज्ञानिक प्रगती घडवून आणली. तसेच रेशीम उद्योग, फळ व फूल उत्पादन, बगिचा शेती, भाजीपाला शेती, आधुनिक शेती, हरितगृह, दुग्धोत्पादन शेती, मध संकलन उद्योग या प्रकारच्या शेती पद्धती वाढू लागल्या.

1.3   कृषी भूगोल उत्क्रांती व विकास
(Evolution and Development of Agriculture Geography)

कृषी भूगोलाची उत्क्रांती व विकास पाहात असताना खालील कालखंड महत्त्वाचे ठरतात.

(1) **प्राचीन कालखंड (Ancient Period) :** कृषी भूगोलाच्या अभ्यासामध्ये प्राचीन कालखंड महत्त्वाचा व सुरुवातीचा मानला जातो. यामध्ये ग्रीक, रोमन, भारतीय व चायनीज शास्त्रज्ञांचा समावेश होतो. ग्रीक शास्त्रज्ञांमध्ये होमर, अनॅक्झीमेंडर, हेकॅटिअस, हिरोडोट्स, हिप्पारकस व पोसोडोनीअस यांच्या समावेश होतो. या शास्त्रज्ञांनी प्राचीन कालखंडामध्ये कृषी भूगोलाच्या अभ्यासात योगदान दिलेले दिसून येते. यामध्ये प्राकृतिक घटकांचा मानवी क्रियांवर होणारा प्रभाव स्पष्ट केलेला दिसून येतो.

रोमन शास्त्रज्ञ टॉलेमी व स्ट्रॅबो यांनी प्रादेशिक घटकांचा अभ्यास केला त्यामुळे कृषीच्या प्रादेशिक अभ्यासात सहकार्य झालेले दिसून येते. भारतीय शास्त्रज्ञांनी हवामान, हवा व वातावरणाचा अभ्यास केला व ऋतुमान याचा पडणारा प्रभाव स्पष्ट केला. याचा

उपयोग कृषीच्या अभ्यासात होतो. या प्रकारे प्राचीन कालखंडात कृषी भूगोलाचे स्पष्ट अध्ययन झाले नसले तरी इतर घटकांच्या अध्ययनाचा फायदा कृषी भूगोलाच्या अध्ययनात झालेला दिसून येतो.

(2) मध्ययुगीन कालखंड (Medieval Period) : कृषी भूगोलाच्या अध्ययनात मध्ययुगीन कालखंडात अरब शास्त्रज्ञांचा महत्त्वाचा सहभाग येतो. तसेच मार्कोपोलो, कोलंबस, वास्को-दी-गामा, मॅगलीन व जेम्स कुक यांचेही काही प्रमाणात योगदान महत्त्वाचे ठरते. यामध्ये अरब शास्त्रज्ञांनी जगाच्या विविध भागाचा प्रवास करून त्या ठिकाणांचे वर्णन केले, त्यामुळे जगातील कृषी पद्धतींचा अभ्यास करताना त्याचा उपयोग होतो. मध्ययुगीन कालखंडामध्ये कृषी भूगोलाचे अध्ययन हे वर्णनात्मक व निरीक्षणात्मक पद्धतीवरच आधारलेले होते.

(3) आधुनिक कालखंड (Modern Period) : कृषी भूगोलाच्या अध्ययनात खऱ्या अर्थाने आधुनिक कालखंड महत्त्वाचा ठरतो. या काळातच कृषी भूगोलाच्या अध्ययनात मोलाची भर पडलेली दिसते. यामध्ये जर्मन, फ्रेंच, ब्रिटिश व अमेरिकन शास्त्रज्ञांचे योगदान महत्त्वाचे ठरते. या शास्त्रज्ञांनी जगामध्ये सापडणाऱ्या कृषी पद्धती, पिकांचे प्रकार, हवामान, पिकांमधील विविधता यांचा उल्लेख वेगवेगळ्या लिखाणातून केला आहे. तसेच अठराव्या शतकामध्ये हम्बोल्ट व कार्ल रिटर यांनी जगाच्या वेगवेगळ्या भागातील कृषीच्या पद्धती व नैसर्गिक घटक यांचा सहसंबंध स्पष्ट केला आहे. कृषी भूगोलावर पहिले पुस्तक 'ऑर्थर यंग' यांनी लिहिले.

या पुस्तकाचे नाव 'इंग्लंडमधील पर्यावरण व पीक पद्धती' (Environment and Cropping Patterns in England) हे होते. हे पुस्तक 1970 साली इंग्लंड येथे प्रसिद्ध झाले. या पुस्तकात यंग यांनी पर्यावरण व कृषीच्या पद्धती यांच्या सहसंबंधाचे विवेचन केले आहे.

व्हॉन थुनेन यांनी पहिल्यांदा कृषी भूमीउपयोजनाचा अभ्यास करून त्यावर सिद्धान्त मांडला आहे. तसेच जॉन्सन, हिलमन, रीड, कोपॅक, सायमन, बेकर, व्हीटलसे, डडलो स्टँप, विवर, टेलर या शास्त्रज्ञांनी कृषी भूगोलाचा सखोल अभ्यास केलेला दिसून येतो.

कृषी भूगोलाच्या अभ्यासामध्ये अनेक प्रदेशांच्या कृषी पद्धतींचा अभ्यास या कालखंडात झाला. त्यामध्ये जॉन्सन यांनी युरोपमधील कृषीचे प्रदेश अभ्यासले, बेकर यांनी उत्तर अमेरिकेतील कृषीच्या पद्धतींचे विश्लेषण केले. जोन्स यांनी दक्षिण अमेरिकेमधील कृषी पद्धती सांगितल्या. टेलर यांनी ऑस्ट्रेलियामधील कृषी पद्धती सांगितल्या तर वॉल्केन बर्ग यांनी आशिया खंडातील कृषी प्रकारांची सविस्तर माहिती मांडली. यामध्ये 1936 साली

डी. व्हीटलसे यांनी पृथ्वीवरील प्रमुख कृषीच्या पद्धतींचा अभ्यास करून कृषी भूगोलात मोलाचे योगदान दिले.

20 व्या शतकात कृषी भूगोलाचा अभ्यास अधिक व्यापक व विकसित झालेला असून त्यामध्ये स्टॅप, विवर, शफी, टेलर, व्हिटलसे, कोपॅक सायमन, हुसेन व जसबीर सिंग व दिल्हाँन यांचे महत्त्वाचे योगदान आढळते.

1.4 कृषीचे निकष/कृषीवर परिणाम करणारे घटक
(Factors Affecting on Agriculture)

कृषिव्यवसायावर प्रामुख्याने नैसर्गिक, आर्थिक व सामाजिक घटक परिणाम करतात. त्याचबरोबर यावर वैज्ञानिक व तांत्रिक घटक आणि शासकीय धोरणांचाही मोठा परिणाम होतो.

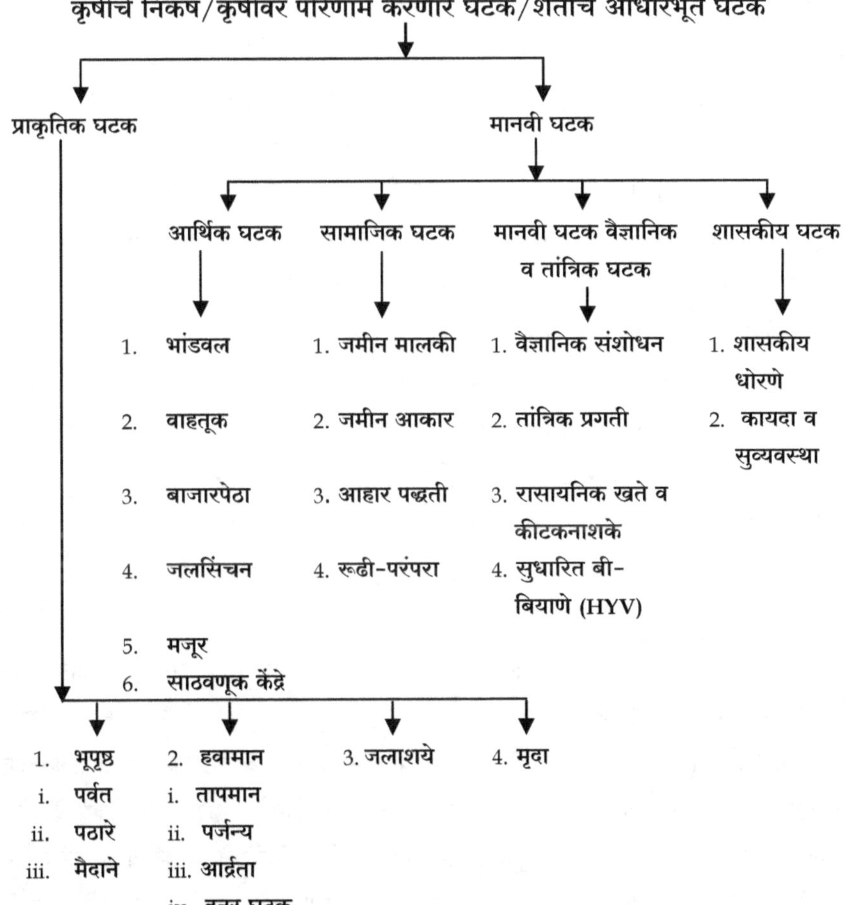

1.4.1 प्राकृतिक/नैसर्गिक घटक (Physical/Natural)

प्राकृतिक घटकांचा शेतीवर मोठा परिणाम होतो. मानव व निसर्ग यांच्या आंतरक्रिया या निसर्गाच्या प्रक्रियेवर व साधनसंपत्तीवर अवलंबून असतात. त्यामुळे कृषिव्यवसायदेखील प्राकृतिक घटकांच्या उपलब्धतेवर व रचनेवर अवलंबून असलेला दिसून येतो. यामध्ये भूपृष्ठ, हवामान, जलाशये व मृदा यांचा समावेश होतो.

(1) भूपृष्ठ : भूपृष्ठ हा शेतीच्या दृष्टिकोनातून अत्यंत महत्त्वाचा घटक आहे. याचा सर्वप्रथम कृषी भूमिउपयोजनांवर परिणाम होतो. त्यामुळे भूपृष्ठाची रचना, उंची, उतार यांचा परिणाम कृषीवर होताना दिसून येतो. त्यामुळे भूपृष्ठाच्या रचनेचे खालील तीन प्रमुख प्रकार शेतीवर किंवा कृषीवर मोठा परिणाम करतात.

(अ) पर्वत : पर्वताची रचना ही कृषीच्या दृष्टीने अयोग्य असते. त्यामुळे पर्वतीय प्रदेशात शेतीखाली असलेल्या जमिनीचे प्रमाण कमी असते. पर्वतीय प्रदेशातील भूपृष्ठाची रचना ही ओबडधोबड, उंच, अतिदुर्गम, तीव्र उताराची असते. त्यामुळे या प्रदेशात शेती करणे अशक्य होते. पर्वत उताराच्या काही भागात पायऱ्याकृती शेती केली जाते. यामध्ये भात, फळे, चहा, कॉफी किंवा रबर यांसारख्या पिकांचा समावेश होतो. प्रामुख्याने पर्वतावर मृदेची रचना ही शेतीच्या विकासासाठी पोषक नसते तसेच पर्वतावर खडकांचे थर उघडे पडलेले असतात त्यामुळे शेतीची मशागत करणे अवघड जाते.

पर्यायी पर्वतीय भागात शेती अल्प प्रमाणात होताना दिसून येते. त्याबरोबरच जलसिंचनाचा अभाव, अतितीव्र उतारामुळे पाण्याची कमतरता, उंचीमुळे प्रतिकूल हवामान या घटकांचा परिणाम पर्वत भागातील कृषीवर होताना दिसून येतो. उदा., हिमालय, रॉकी, अँडीज, आल्प्स, ॲप्लेशियन इ. पर्वतांवर शेतीचा विकास झालेला नाही.

(ब) पठार : पठारी भूपृष्ठरचना शेतीच्या दृष्टीने पर्वतापेक्षा अनुकूल असते. पठारी प्रदेश हे प्रामुख्याने सपाट माथ्याचे असतात. त्यामुळे अशा भागात शेतीचा विकास झालेला आढळतो.

परंतु सर्वच पठारांवर शेतीचा विकास झालेला नाही कारण काही पठारे ही अतिउंच व ओबडधोबड व प्रतिकूल हवामान असणारी आहेत. त्यामुळे ज्या पठारांची उंची कमी आहे, माथ्याचा भाग सपाट आहे व मृदेची रचना सुपीक आहे अशाच पठारावर शेतीचा विकास झालेला दिसून येतो. उदा., भारताचे दख्खनचे पठार, ब्राझीलचे पठार व कोलंबियाचे पठार यावर शेतीचा विकास झालेला दिसतो तर आशियातील तिबेटचे पठार व अमेरिकेतील बोलिव्हियाचे पठार हे दुर्गम व प्रतिकूल असल्याने या भागात शेतीचा विकास झालेला नाही.

(क) मैदाने : भूपृष्ठाचा विचार करता मैदानी प्रदेशांना कृषीच्या दृष्टीने अनन्यसाधारण महत्त्व आहे. कारण मैदानी प्रदेश हे सुपीक, कमी उंचीचे, सपाट व मंद उताराचे असल्याने कृषीचा विकास वेगाने होतो. या भूपृष्ठ रचनेचा उतार मंद असल्याने पर्वतावरून वाहत येणाऱ्या नद्या मंद स्वरूपात मैदानी भागात वाहतात. त्यामुळे सुपीक जमीन निर्माण होतेच त्याबरोबर जलसिंचनाच्या सुविधांचाही विकास होतो. मैदानी प्रदेशावर मृदेचे थर साचत जातात तसेच या भागात तापमान, पर्जन्य, आर्द्रता या हवामानातील घटकांचा अनुकूल परिणाम होऊन मृदेचा विकास होतो. पर्यायाने शेतीचाही विकास झालेला दिसून येतो. उदा., भारतातील गंगा व यमुना नद्यांचा मैदानी प्रदेश हा भारतातील शेतीचा महत्त्वाचा प्रदेश आहे. तसेच चीनमधील होयाँग हो व ऑस्ट्रेलियामधील मरे व डार्लिंग या नद्यांची मैदाने शेतीसाठी पूरक आढळतात.

(2) हवामान : शेतीच्या किंवा कृषीच्या दृष्टीने हवामान हा शेतीवर परिणाम करणारा सर्वांत महत्त्वाचा व प्रभावी घटक आहे. हवामानामध्ये तापमान व पर्जन्य या दोन घटकांची कृषीच्या विकासामध्ये महत्त्वाची भूमिका आहे. कारण हे दोन घटक ज्या प्रदेशात अनुकूल असतात त्या प्रदेशात शेतीचा विकास वेगाने झालेला दिसून येतो म्हणून जगातील एकूण शेतीच्या सुमारे 60% शेती एकट्या उत्तर गोलार्धातील समशीतोष्ण कटिबंधीय प्रदेशात होताना दिसून येते. तापमान व पर्जन्याच्या उपलब्धतेमुळे मोसमी, भूमध्य सागरी, नैर्ऋत्य व आग्नेय आशिया, चीन व जपान, प्रेअरी प्रदेश, मध्य आफ्रिका व ब्राझीलचा प्रदेश या भागात शेतीचा विकास झालेला आहे. याउलट, वाळवंटी प्रदेशात अतितापमान व पर्जन्याची कमतरता तर टुंड्रा प्रदेशात तापमानाचा अभाव यामुळे या भागात शेती होत नाही.

हवामानाचा पिकांच्या वाढीवर व प्रकारावरही परिणाम होतो. उदा., भात व चहाच्या पिकास उष्ण कटिबंधीय प्रकारचे हवामान, गव्हाच्या पिकासाठी समशीतोष्ण हवामान, कापसाच्या पिकासाठी उष्ण व कोरडे हवामान लागत असल्याने जगामध्ये पिकांची विविधता आढळते. शेतीवर तापमान व पर्जन्य या घटकांचा जसा परिणाम होतो तसा आर्द्रता, वारे, दंव, दहिवर, धुके, ढग, बर्फ व गारा यांचाही परिणाम होतो.

(अ) तापमान : तापमानाचा शेतीवर मोठा प्रभाव पडतो. पिकांच्या लागवडीसाठी, पिकांच्या वाढीसाठी व पिकांच्या काढणीसाठीही तापमानाची गरज असते. कृषी प्रदेशात तापमान योग्य असेल तर पिकांची चांगली वाढ होऊन उत्पादनात भर पडते. पृथ्वीवर सूर्याच्या किरणांमुळे व पृथ्वीच्या परिवलन व परिभ्रमण क्रियेमुळे उष्ण कटिबंधीय (अतिउष्ण विभाग), समशीतोष्ण कटिबंधीय (मध्यम उष्णता विभाग) व शीत कटिबंधीय (कमी उष्णता विभाग) असे तीन विभाग पडतात. यामुळे तिन्ही विभागांचा कृषीच्या पद्धतीवर परिणाम होतो. म्हणजेच उष्ण कटिबंधीय प्रदेशात शेतीचा कमी विकास झाला आहे. या ठिकाणी सुमारे 40° से. जास्त तापमान असल्याने या ठिकाणी फक्त जास्त

तापमानात येणारी पिकेच घेतली जातात. तसेच शीत कटिबंधीय प्रदेशात तापमान हे अत्यल्प असल्याने या भागात शेतीचा विकास झालेला नाही. याउलट, मध्यम तापमानाच्या विभागात मोठ्या प्रमाणात शेती केली जाते. कारण या ठिकाणी तापमान हे सुमारे 18° सें.ग्रे. ते 23° सें.ग्रे. एवढे आढळते. या प्रकारचे तापमान हे शेतीस अनुकूल असते म्हणून या प्रदेशात शेतीचा विकास झालेला आढळतो.

(ब) पर्जन्य : पर्जन्य हा शेतीवर प्रभाव टाकणारा दुसरा महत्त्वाचा घटक आहे. पर्जन्याचा शेतीवर सर्वाधिक परिणाम होतो. पिकांच्या वाढीसाठी पर्जन्याची नितांत गरज असते. म्हणून ज्या भागात भरपूर व पुरेसा पाऊस पडतो त्या भागात शेतीचा विकास होतो. उदा., मान्सूनच्या प्रदेशात शेतीचा विकास झालेला आढळतो. याउलट, वाळवंटी भागात पर्जन्य नसल्याने शेतीचा विकास झालेला नाही.

पर्जन्य हा शेतीमध्ये मोठा बदल घडवून आणतो. याच पर्जन्याच्या घटकावर आर्द्र शेती व कोरडवाहू शेती असे प्रकार पडतात. विविध पिकांच्या प्रकारास वेगवेगळ्या प्रमाणात पर्जन्याची गरज असते. उदा., ऊस, चहा, आले, हळद या पिकांना भरपूर पर्जन्य लागते म्हणून ही पिके भरपूर पर्जन्याच्या प्रदेशात घेतली जातात. याउलट बाजरी, मका, हरभरा, ज्वारी या पिकांना कमी पर्जन्य लागते म्हणून ही पिके कमी पर्जन्याच्या प्रदेशात घेतली जातात. काही पिकांची जोरकस पावसामुळे हानी होताना दिसून येते. उदा., फळे, भाजीपाला, फुलशेती इत्यादी.

(क) आर्द्रता : आर्द्रता हा घटकसुद्धा कृषीवर परिणाम करतो. आर्द्रता ही पिकांच्या वाढीस पोषक असते. परंतु अयोग्य प्रमाणात आर्द्रता वाढल्यास किंवा कमी झाल्यास पिकांवर त्याचा विपरीत परिणाम होतो. उदा., गव्हाच्या शेतीस योग्य प्रमाणात आर्द्रता असल्यास गव्हाच्या शेतीचा विकास होतो. याउलट अयोग्य प्रमाणात आर्द्रतेत वाढ किंवा घट झाल्यास गव्हाच्या शेतीवर किडींचा प्रादुर्भाव होतो.

(ड) इतर घटक : शेतीवर हवामानाच्या इतर घटकांचाही परिणाम होतो. त्यामध्ये दंव, ढग, दहिवर, धुके, गारा इ. घटकांचा समावेश होतो. दंव हा पिकास उपयुक्त असणारा घटक आहे. कमी पावसाच्या प्रदेशात रब्बी पिकांसाठी दंव हे उपयुक्त ठरते. तसेच ढगांचाही पिकांच्या वाढीवर परिणाम होतो. पीक हंगामाच्या काळात ढग आल्यास पिकांवर रोग पडतो. उदा., आंब्याचा मोहोर ढगाळ हवामानामुळे गळून जातो, कापसावर कीड पडते इत्यादी. धुक्यामुळे पिकांची फुलकळी गळून पडते तर फळांवर किडींचा प्रादुर्भाव वाढतो. तसेच गारांचा पाऊस हा फळशेतीचे मोठ्या प्रमाणावर नुकसान करतो. बागायती पिकांनाही गारा या हानिकारक असतात.

(3) जलाशये : कृषीमध्ये पाण्याला अनन्यसाधारण महत्त्व आहे. म्हणूनच शेतीचा उगम हा नद्यांच्या सरोवरांच्या व तळ्यांच्या काठावर झालेला दिसून येतो. कृषिक्षेत्राचा

विकास हा पाण्याच्या उपलब्धतेवर अवलंबून असतो. म्हणून ज्या प्रदेशामध्ये जलाशयांचे (नदी, तळी, सरोवरे, कालवे) प्रमाण जास्त असेल अशा प्रदेशात कृषीचा विकास होतो. उदा., महाराष्ट्रातील पश्चिम भागात वाहणाऱ्या नद्या, धरणे व कालव्यांच्या विकासामुळे कृषीचा विकास झाला आहे. याउलट, मराठवाड्यामध्ये कमी जलाशये व पाण्याची कमतरता त्यामुळे कृषीचा विकास झालेला नाही.

(4) **मृदा** : मृदा हा कृषीवर परिणाम करणारा एक प्रमुख आणि महत्त्वाचा घटक आहे. मृदा हा शेतीचा मुख्य घटक समजला जातो. कारण मृदेच्या रचनेवर, प्रकारावर व पोतावर शेतीची पिके, पिकांची वाढ, प्रकार व विविधता अवलंबून असते. उदा., उत्तम व सुपीक मृदेमध्ये पिकांचे चांगले व भरघोस उत्पादन मिळते तर कमी प्रतीच्या मृदेतून कमी प्रतीचे उत्पादन व कमी माल मिळतो. मृदेच्या प्रकारामध्ये प्रामुख्याने गाळाची मृदा, तांबडी मृदा, जांभी मृदा, वाळवंटी मृदा, काळी मृदा हे प्रमुख प्रकार पडतात. यामध्ये गाळाची व काळी मृदा ही पिकास अत्यंत उपयुक्त असते तर वाळवंटी व पर्वतीय मृदा ही शेतीस उपयुक्त नसते. उदा., गंगेच्या खोऱ्यात व दख्खनच्या पठारावर शेतीचा विकास झालेला आहे तर थर वाळवंटी प्रदेशात शेतीचा विकास झालेला नाही.

1.4.2 मानवी घटक (Human)

(1) **आर्थिक घटक** : आर्थिक घटकांचाही शेतीवर मोठा प्रभाव पडतो. यामध्ये भांडवल, वाहतूक, बाजारपेठा, मजूर, जलसिंचन व माल साठवणूक केंद्रे यांचा समावेश होतो. या घटकांचा ज्या प्रदेशात विकास झालेला आहे, त्या प्रदेशात शेतीचा विकास झालेला दिसून येतो. उदा., जपान, संयुक्त संस्थाने, रशिया, चीन, ऑस्ट्रेलिया इ. देशांमध्ये आर्थिक घटकांचा विकास झाल्यामुळे या देशातील शेतीचाही विकास झालेला दिसून येतो.

(अ) **भांडवल** : शेतीच्या दृष्टीने ज्या पद्धतीने हवामान, मृदा व पाणी महत्त्वाचे आहे. त्याच पद्धतीने भांडवलाला अत्यंत महत्त्व आहे. शेतजमिनीच्या मशागतीपासून ते पिकांच्या कापणी व मळणीपर्यंत भांडवलाची आवश्यकता असते. सुधारित बी-बियाणे, खते, कीटकनाशके, यांत्रिक अवजारे, जलसिंचन, मजुरांचा पुरवठा, मालवाहतूक करणे, कृषिमाल साठवून ठेवणे व त्याची बांधणी करणे इत्यादींसाठी भांडवलाची गरज असते. म्हणून ज्या शेतकऱ्यांकडे मोठ्या प्रमाणात भांडवलाची सुविधा असते असे शेतकरी सुधारित व आधुनिक शेती करतात व उत्पादनात प्रगती करतात. याउलट, ज्या शेतकऱ्यांकडे भांडवल सुविधा नसतात असे शेतकरी परंपरागत शेती करतात किंवा त्यांची शेती मागासलेली असते. जगामध्ये जे देश आर्थिकदृष्ट्या प्रगत आहेत अशा देशांची शेती विकसित झालेली दिसून येते. उदा., जपान, रशिया, संयुक्त संस्थाने व चीन इत्यादी. याउलट, आफ्रिकन देशांमध्ये अपुऱ्या भांडवल सुविधांमुळे या ठिकाणी शेती मागासलेली आढळते.

(ब) वाहतूक : कृषिक्षेत्रामध्ये वाहतुकीस अनन्यसाधारण महत्त्व आहे. कृषिक्षेत्रातील कच्चा माल ने-आण करण्यासाठी , बी-बियाणे, खते शेतामध्ये पाठविण्यासाठी, कृषिमाल बाजारपेठेपर्यंत पोहोचविण्यासाठी वाहतुकीची साधने आवश्यक असतात. यामध्ये रस्ते वाहतुकीला जास्त महत्त्व आहे. कारण जे कृषी प्रदेश पक्क्या रस्त्यांच्या सुविधांनी बाजारपेठेशी व मुख्य शहरांशी जोडलेले आहेत. अशा प्रदेशात कृषीचा विकास झालेला दिसून येतो. उदा., उत्तर भारत, संयुक्त संस्थाने, जपान, कॅनडा इत्यादी.

(क) बाजारपेठा : कृषिक्षेत्रातील पिकांच्या उत्पादनासाठी बाजारपेठांची नितांत आवश्यकता असते. शेतमालाची विक्री करण्यासाठी बाजारपेठा महत्त्वाच्या ठरतात. ज्या प्रदेशात जास्त लोकसंख्या आहे अशा भागात मोठ्या बाजारपेठांची निर्मिती होते. तसेच औद्योगिक प्रदेश व शहरी भागात धान्य, फळे, भाजीपाला व दूध या शेतीच्या उत्पादनांना जास्त मागणी असते म्हणून या प्रदेशात बाजारपेठांचा विकास होतो व पर्यायाने त्या प्रदेशातील कृषीचाही विकास होतो. कृषिमालावर आधारित उद्योगांच्या विकासावरही शेतमालाची बाजारपेठ अवलंबून असते. उदा., साखर कारखान्यांमुळे उसाला मागणी येते. तांदळाच्या व तेलाच्या गिरण्यांमुळे अनुक्रमे भात व तेलबियांना मागणी वाढते. म्हणून बाजारपेठांच्या मागणीनुसार कृषिमालाचे उत्पादन होऊन शेतीचा विकास होतो.

(ड) जलसिंचन : जलसिंचन हा कृषीवर परिणाम करणारा महत्त्वाचा घटक आहे. कृषीसाठी जलसिंचनाच्या सोई अत्यंत महत्त्वाच्या असतात. त्यामध्ये विहिरी, धरणे, कालवे, कूपनलिका, तळी इ. स्रोतांचा समावेश होतो. यामध्ये कालव्यांना व धरणांना जास्त महत्त्व आहे. शुष्क व अर्धशुष्क प्रदेशात कालव्यांचा मोठ्या प्रमाणात शेतीसाठी वापर केला जातो. जलसिंचनामुळे वर्षातून दोन ते तीन पिकांचे उत्पादन घेता येते. तसेच बागायती शेती, फळशेती व फुलशेती ही तर पूर्णतः जलसिंचनाच्या सुविधांवर अवलंबून आहे. उदा., भारतात पंजाब, हरियाणा, उत्तर प्रदेश, पश्चिम महाराष्ट्र या भागात जलसिंचनामुळे कृषीचा विकास झाला आहे. तसेच इजिप्तमध्ये नाईल नदीच्या खोऱ्यात तर ऑस्ट्रेलियामध्ये डार्लिंग नदीच्या खोऱ्यात कृषीचा विकास झालेला आहे. जगामध्ये अनेक प्रदेशांत सुपीक जमिनी आढळतात. परंतु जलसिंचनाच्या सुविधा नसल्याने कृषीचा विकास झालेला नाही. उदा., अल्जेरिया, भारतातील उत्तर व पूर्व महाराष्ट्र इत्यादी.

(इ) मजूर : मजूर हा शेतीवर परिणाम करणारा आणखी एक महत्त्वाचा आर्थिक घटक आहे. मजुरांचे प्रामुख्याने कुशल मजूर व अकुशल मजूर असे दोन प्रकार पडतात. कृषीमध्ये जमिनीची मशागत, पेरणी, भांगलणी, पिकांना खते-कीटकनाशके पुरविणे, पाणी देणे, पिकांची काढणी व कापणी करणे, मळणी करणे इत्यादी कामांसाठी मजूर लागतात. सध्याच्या काळात यांत्रिक शेती होत असली तरी कृषीमध्ये मजुरांची आवश्यकता असते. विशेषतः बागायती शेती, फळशेती, फुलशेती इत्यादींसाठी मजुरांची आवश्यकता असते.

बागायती शेतीमध्ये ऊस तोडणी, चहा तोडणी, कॉफी व रबर गोळा करणे इ. कामांसाठी कुशल कामगारांची गरज असते तर या पिकांना पाणीपुरवठा करणे, वाहतूक करणे यासाठी अकुशल कामगारांची गरज असते. तर फळशेती व फुलशेतीमध्ये सर्वांत जास्त मजुरांची गरज भासते. उदा., फळ लागवड, कीटकनाशके व खतांचा पुरवठा, पाणीपुरवठा, फुलकळी व बीजधारणा करणे, फळांची गुणवत्ता तपासणे, फळांना व फुलांना फोमिंग व थिनिंग करणे तसेच फळांची व फुलांची तोडणी व बांधणी करणे इ. विविध कामांसाठी मजुरांची आवश्यकता असते.

(ई) साठवणूक केंद्रे : कृषिमालाच्या साठवणुकीसाठी साठवणूक केंद्रांची गरज असते. ज्या वेळी कृषिमालाला बाजारपेठेत किंमत नसते अशा वेळी कृषिमाल साठविण्याची गरज असते. त्यामुळे साठवणूक केंद्रे उपलब्ध असल्यास कृषिमाल साठविला जाऊ शकतो अन्यथा कृषिमाल कमी किमतीने विकावा लागतो अथवा त्याची नासधूस होते. पर्यायी शेतकऱ्यांना तोटा होतो. म्हणून शेतकरी कृषीकडे पाठ फिरवितात. त्यामुळे साठवणूक केंद्रे ही कृषीच्या विकासासाठी महत्त्वाची भूमिका बजावितात.

(2) सामाजिक घटक : शेतीवर सामाजिक घटकाचाही मोठा परिणाम होतो. यामध्ये जमीन मालकी, जमिनीचा आकार, आहार पद्धत व रूढी-परंपरा यांचा समावेश होतो.

(अ) जमीन मालकी : या प्रकारची शेतीची समस्या ही प्रामुख्याने भारतात पाहावयास मिळते. मुख्यतः जमिनीचा मालक हा आपल्या जमिनीची किंवा शेताची अधिक प्रगती करू शकतो. ज्याची शेती आहे त्याने शेती केल्यास शेतीमध्ये आधुनिकपणा, तंत्रज्ञान, पीक पद्धती, पिकांमध्ये विविधता यांवर भर देऊन शेतीचा विकास करू शकतो. परंतु शेतीचा मालकी हक्क दुसऱ्याचा असेल व शेती करणारी व्यक्ती दुसरी असेल तर शेतीचा विकास होत नाही. उदा., भारतात पूर्वी जमीनदारी पद्धत होती. जमीनदार हे इतर लोकांकडून शेती करून घेत. त्यामुळे त्या काळात शेतीची तेवढी प्रगती झाली नाही. स्वातंत्र्यानंतर कूळकायदा, जमीन हस्तांतर यांमुळे अनेक लोक शेताचे मालक झाले व पर्यायाने शेतीचा विकास झाला.

(ब) जमीन आकार : शेतीवर जमिनीचा आकार व शेतजमिनीचे तुकडीकरण यांचाही परिणाम होत असतो. अतिदाट लोकसंख्येच्या विकसनशील देशात शेताचा आकार लहान असतो. अशा देशात जमिनीचे प्रमाण कमी असल्याने शेतीचे तुकडीकरण होते. त्यामुळे शेतजमिनी विखुरल्या जातात. शेतामध्ये यांत्रिक पद्धत, वैज्ञानिक पद्धत यांचा वापर करणे कठीण जाते. त्यामुळे शेतीचे स्वरूप हे परंपरागत व मागासलेले असते. याउलट, विकसित देशात जमिनीचा आकार किंवा क्षेत्र मोठे असते. त्यामुळे अशा शेतात यंत्रांचा वापर, रासायनिक खते, तंत्रज्ञान व वैज्ञानिक पद्धतीचा सहज वापर केला जातो. पर्यायाने या शेतीचे

स्वरूप व्यापारी व आधुनिक होत जाते व उत्पन्नात भरघोस वाढ होते. उदा., संयुक्त संस्थाने, चीन, रशिया, जपान इ. देशात जमिनींचा आकार मोठा असल्याने तेथे कृषिक्षेत्रात प्रगती झालेली आहे.

(क) आहार पद्धती : मानवाच्या आहार पद्धतीचाही कृषीवर परिणाम होत असतो. जगामध्ये मानवाच्या आहार पद्धती वेगवेगळ्या आढळतात. त्यानुसार खाद्यान्नाचे व कृषिमालाचे उत्पादन करणे गरजेचे असते. उदा., जगामध्ये खाद्यान्न म्हणून भाताचा व गव्हाचा वापर केला जातो त्यामुळे भात व गहू पिकविणाऱ्या शेतीचा विकास झालेला दिसून येतो. भारतात व चीनमध्ये मोठ्या प्रमाणात भाताचे सेवन केले जाते. म्हणजे जवळजवळ सुमारे 40% लोकसंख्या ही भात या पिकाची मागणी करत असते. त्यामुळे या प्रदेशातील भातशेतीच्या विकास झालेला आहे. मानवाच्या आहारात ज्या पदार्थांचा समावेश जास्त प्रमाणात असतो अशा पिकांचे उत्पादन घेतल्यास शेतीचा मोठ्या प्रमाणात विकास होतो.

(ड) रूढी-परंपरा : रूढी-परंपरा व धर्माचा शेतीवर मोठा परिणाम होत असतो. प्रत्येक धर्मात विशिष्ट पीक घेण्याची परंपरा असते तर काही धर्मांत काही पिके निषिद्ध मानली जातात. उदा., शीख धर्मात तंबाखूचे पीक घेतले जात नाही. तसेच जेथे शेती करणारे लोक जुने मतवादी असतात किंवा जुन्या विचारसरणीचे असतात असे लोक परंपरागत पद्धतीने शेती करतात. अशा भागात शेती मागासलेली असते. जे लोक आधुनिक पद्धतीचा वापर करतात त्यांची शेती विकसित होताना दिसून येते.

(3) वैज्ञानिक व तांत्रिक घटक : शेतीवर परिणाम करणाऱ्या घटकांमध्ये वैज्ञानिक व तांत्रिक घटकांचा समावेश होतो. यामध्ये वैज्ञानिक संशोधन, तांत्रिक प्रगती, रासायनिक खते व कीटकनाशके, सुधारित बी-बियाणे हे घटक येतात.

(अ) वैज्ञानिक संशोधन : ज्या देशामध्ये कृषीविषयक संशोधनास चालना मिळते अथवा त्याचा विकास होतो अशा देशात शेतीचा विकास मोठ्या प्रमाणात होत असतो. शेतीच्या विविध पद्धती, पिके, पिकांचे प्रकार, जैवतंत्रज्ञान, फळे, फळांचे प्रकार, फळांची गुणवत्ता, फुले व फुलांचे प्रकार, दूध व दुग्धजन्य पदार्थ, खते, हिरवी व सेंद्रिय खते, कीटकनाशके, आधुनिक तंत्रज्ञान, यंत्रसामग्री, व्यापार, व्यापारी धोरणे, वाहतुकीच्या सुविधा, जलसिंचन, साठवणूकगृहे व शीत प्रक्रिया या सर्व घटकांच्या वैज्ञानिक संशोधनाची गरज आहे. ज्या देशात यावर मोठ्या प्रमाणात वैज्ञानिक संशोधन केले जाते. अशा देशात कृषीचा विकास झपाट्याने होतो. उदा., इस्रायल, संयुक्त संस्थाने, जपान, चीन.

(ब) तांत्रिक प्रगती : जगातील काही देशांनी कृषीविषयक तांत्रिक ज्ञानाचा खूप विकास केलेला आहे. शेतीच्या विविध पद्धती, सुधारित बियाणे, खते, यंत्रसामग्री इत्यादींमुळे शेतीमध्ये विकास झालेला दिसून येतो. युरोपियन व अमेरिकन देशांमध्ये तांत्रिक ज्ञानाच्या प्रसारामुळे शेतीमध्ये खूप प्रमाणात प्रगती झालेली आहे. उदा., चीन व इस्रायल या देशांत जलसिंचनाच्या नवीन पद्धतींचा विकास झाल्याने शेतीचाही विकास झालेला दिसून येतो.

(क) रासायनिक खते व कीटकनाशके : रासायनिक खते व कीटकनाशके यांचा शेतीवर मोठ्या प्रमाणात परिणाम होतो. आधुनिक शेतीच्या पद्धतीमध्ये रासायनिक खते व कीटकनाशके यांची महत्त्वाची भूमिका असते. बागायती शेती, फळ व फूल शेतीमध्ये रासायनिक खतांचा व कीटकनाशकांचा भरपूर पुरवठा असणे आवश्यक असते. ज्या देशात रासायनिक खते व कीटकनाशकांचा पुरवठा मोठ्या प्रमाणात केला जातो. त्या ठिकाणी शेतीचा विकास झालेला दिसून येतो. उदा., डेन्मार्क, इस्रायल, नेदरलँड, युक्रेन, भूमध्य सागरी प्रदेश, कॅनडा, संयुक्त संस्थाने, चीन, रशिया इ. देशांत रासायनिक खतांचा व कीटकनाशकांचा मोठ्या प्रमाणात पुरवठा होत असल्याने या देशातील फळशेती, फुलशेती व दुग्धोत्पादन शेतीचा विकास झालेला आहे.

(ड) सुधारित बी-बियाणे (HYV) : बियाणे हा शेतीवर परिणाग करणारा आणखी एक महत्त्वाचा घटक आहे. सुधारित बी-बियाणांचा (HYV) पुरवठा केल्यास शेतीचा विकास होऊ शकतो म्हणूनच हरित क्रांतीमध्ये यावर मोठ्या प्रमाणावर भर दिलेला आढळून येतो. भारतातील पंजाब, हरियाणा, उत्तर प्रदेश, बिहार या भागांत सुधारित बी-बियाणांचा पुरवठा केल्याने त्या प्रदेशातील शेतीचा विकास झालेला आहे. हरित क्रांतीचे जनक नॉर्मन बोरलॉग व भारतीय हरित क्रांतीचे जनक एस. स्वामिनाथन यांनीसुद्धा कृषिक्षेत्राच्या विकासासाठी सुधारित बी-बियाणांचा पुरवठा करण्याची शिफारस केली आहे.

(4) शासकीय घटक : शेतीवर ज्याप्रमाणे आर्थिक, सामाजिक, वैज्ञानिक व तांत्रिक घटकांचा परिणाम होतो त्याप्रमाणेच शासकीय घटकांचाही परिणाम होतो. यामध्ये शासकीय धोरणे, कायदा व सुव्यवस्था या घटकांचा समावेश होतो.

(अ) शासकीय धोरणे : शेतीच्या दृष्टीने शासकीय धोरणालाही महत्त्व आहे. शासनाचे धोरण हे शेतीला चालना देणारे असल्यास शेतीची प्रगती होते. उदा., शेतकऱ्यांना कमी व्याजाने कर्ज उपलब्ध करून देणे, शेतीच्या विविध पद्धतीवर व साधनांवर अनुदान देणे तसेच विहिरी, कूपनलिका व धरणांच्या माध्यमातून जलसिंचनाच्या सुविधा पुरविणे इ. तसेच शासनाच्या धोरणात शेतमालाचा हमीभाव व कृषिमालाची निर्यात यांचाही समावेश होतो. तसेच विशेष शेती प्रकल्प, फळशेती व फुलशेतीसाठी विशेष आर्थिक साहाय्य देणे यांचाही शासनाच्या धोरणात समावेश होतो. भारतामध्ये अनेक शेतकऱ्यांना शेततळी, पिके, यंत्रसामग्री यासाठी अनुदान पुरविले जाते. तसेच सोसायटीमार्फत खतांचा पुरवठा व कर्ज दिले जाते. त्यामुळे भारतात कृषिक्षेत्रात प्रगती होत आहे.

(ब) कायदा व सुव्यवस्था : शेतीच्या प्रगतीवर व पद्धतीवर कायदा व सुव्यवस्थापनाचा परिणाम होत असतो. जसे की, भारतामध्ये वडिलोपार्जित जमिनीचे अपत्यानुसार विभाजन होत असते त्यामुळे जमिनीचे तुकडीकरण होते व शेतीची अधोगती होते. तसेच अविकसित देशात, भारतासारख्या देशात शेतजमिनीच्या विविध कायद्यांमुळे पडीक जमिनींचे प्रमाण वाढलेले दिसून येते. देशाचा विकास करताना रस्तेबांधणी, धरणे-

कालवे बांधणी, शहरांची बेसुमार वाढ, वसाहतींची स्थापना, रेल्वेमार्ग बांधणी, औद्योगिकीकरण यांमुळे मोठ्या प्रमाणात कृषीखालील जमिनीचे रूपांतर अकृषी जमिनीत होताना दिसते याला आळा घालण्यासाठी कोणत्याही ठोस कायद्याची अंमलबजावणी होत नाही. त्यामुळे कृषीखालील क्षेत्र कमी होऊन कृषीचा विकास मंदावतो.

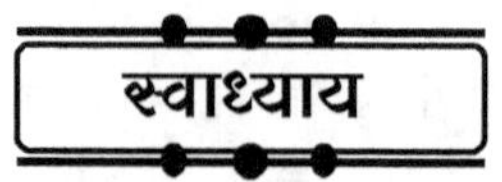

☯ योग्य पर्याय निवडून खालील विधाने पूर्ण करा.

1. पर्वताच्या उतारावर .... प्रकारची शेती केली जाते.
    - (अ) स्थलांतरित
    - (ब) उदरनिर्वाहाची
    - (क) पायऱ्यांची
    - (ड) सखोल

2. .... हा प्रकार शेतीवर परिणाम करणारा प्राकृतिक घटक आहे.
    - (अ) हवामान
    - (ब) भांडवल
    - (क) धर्म
    - (ड) तांत्रिक प्रगती

3. कृषीच्या अनेक समस्या असून .... ही भौगोलिक समस्या आहे.
    - (अ) जंगलाची वाढ
    - (ब) नैसर्गिक आपत्ती
    - (क) जैविक तंत्रज्ञान
    - (ड) साक्षरता

4. Agriculture हा शब्द .... पासून निर्माण झाला आहे.
    - (अ) लॅटिन
    - (ब) ग्रीक
    - (क) रोमन
    - (ड) यांपैकी नाही.

5. कृषी भूगोलावर पहिले पुस्तक .... यांनी लिहिले.
    - (अ) ऑर्थर यंग
    - (ब) डी. व्हीटलसे
    - (क) व्हॉन थुनेन
    - (ड) जॉन्सन

☯ टीपा लिहा.

1. कृषी भागोलाचे महत्त्व   2. कृषी भूगोलाची व्याप्ती
3. कृषीचा उगम व इतिहास   4. कृषीवर परिणाम करणारे प्राकृतिक घटक
5. कृषी भूगोलाची उत्क्रांती व विकास.

☯ दीर्घोत्तरी प्रश्न

1. कृषी भूगोलाच्या व्याख्या सांगून स्वरूप स्पष्ट करा.
2. कृषी भूगोलाच्या व्याख्या सांगून व्याप्ती स्पष्ट करा.
3. कृषीवर परिणाम करणारे घटक स्पष्ट करा.
4. कृषीचा उगम व इतिहास थोडक्यात सांगा.

कृषी : पद्धती/प्रकार व भूमिउपयोजन सिद्धान्त

(Agriculture : Systems and Land-use Theory)

2.1 कृषी पद्धती/प्रकार

    2.1.1   उदरनिर्वाहाची शेती

    2.1.2   व्यापारी शेती

2.2 व्हॉन थुनेनचा कृषी भूमिउपयोजन सिद्धान्त

2.1 कृषी पद्धती/प्रकार

(Agriculture System/Types)

शेती हा मानवाचा मुख्य व प्राथमिक व्यवसाय आहे. शेती ही नैसर्गिक, आर्थिक, सामाजिक इ. घटकांवर अवलंबून असते. परंतु शेती किंवा कृषी ही सर्वांत जास्त प्रमाणात नैसर्गिक घटकांवर अवलंबून असते. त्यामुळे जगात कोणत्याही भागात एकसारखी शेती किंवा कृषीची पद्धत आढळत नाही. पृथ्वीवर ज्या पद्धतीने प्राकृतिक रचना व हवामानात विविधता आहे त्याच पद्धतीने शेतीच्या प्रकारातही विविधता आढळते. त्यामुळे जगामध्ये अनेक शेतीच्या पद्धती किंवा प्रकार आढळताना दिसून येतात. शेतीच्या प्रकारांची किंवा पद्धतीची सर्वप्रथम वैज्ञानिक स्वरूपात माहिती देणारे व वर्गीकरण करणारे शास्त्रज्ञ म्हणजे 'डरवंट व्हीटलसे' (Derwont Whittlesey) होय. त्यांनी 1936 साली 'पृथ्वीवरील प्रमुख कृषीचे प्रदेश' (Major Agricultural Regions of the Earth) या शोधनिबंधामध्ये कृषीच्या पद्धतींचे वर्गीकरण केले. त्या काळात त्यांच्या शोधनिबंधाचे सर्व शास्त्रज्ञांनी अवलोकन करून कृषीच्या पद्धतींचा अभ्यास केलेला दिसून येतो. व्हीटलसे यांनी कृषीच्या पद्धती मांडताना पिके व पशुपालन यांचा संबंध, पीक उत्पादनाची पद्धत, शेतीमधील मजूर, पिके घेण्याचा हेतू व शेतीची रचना या घटकांचा आधार घेतलेला आहे.

वरील घटकांचा आधार घेता पुढीलप्रमाणे शेतीचे प्रकार किंवा पद्धती सांगता येतील.

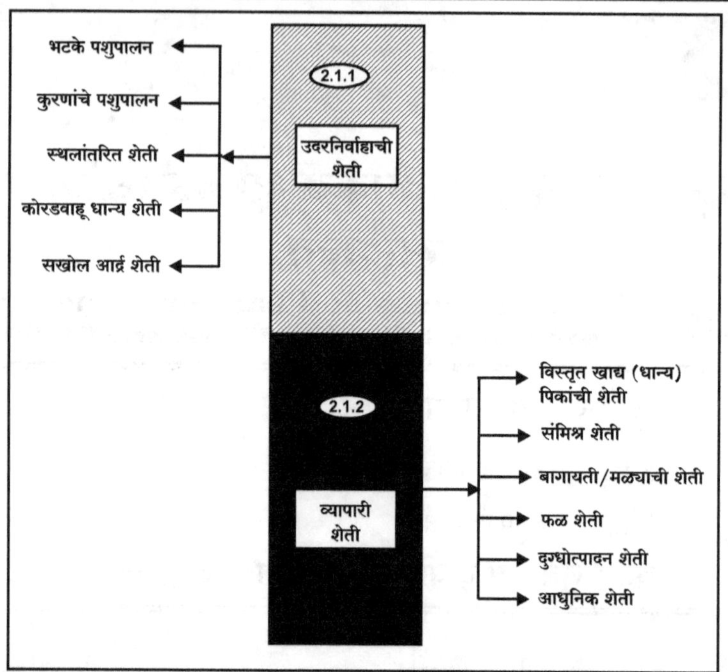

2.1.1 उदरनिर्वाहाची शेती (Subsistence Farming)

उदरनिर्वाहाची शेती हा शेतीचा प्रमुख व पहिला प्रकार आहे. शेतीच्या उगमापासून या प्रकारची शेती केली जाते. ही शेती केवळ उदरनिर्वाहाच्या उद्देशाने होते. सुरुवातीच्या काळात या शेतीचे प्रमाण मोठ्या स्वरूपाचे होते. जगाच्या अनेक भागांत या प्रकारची शेती केली जात होती. परंतु सध्याच्या काळात औद्योगिकीकरण, वाहतूक, व्यापार, तंत्रज्ञान यामुळे या शेतीचे प्रमाण कमी झाल्याचे दिसून येते. उष्ण कटिबंधात या शेतीचे क्षेत्र जास्त प्रमाणात आढळते. या प्रकारच्या शेतीमध्ये मोठ्या प्रमाणात खाद्य पिकांचा समावेश होतो. उदरनिर्वाहाच्या शेतीचे भटके पशुपालन, कुरणांचे पशुपालन स्थलांतरित शेती, कोरडवाहू धान्य शेती आणि सखोल आर्द्र शेती असे प्रमुख प्रकार पडतात.

I. भटके पशुपालन (Nomadic Herding)

पार्श्वभूमी : हा एक महत्त्वाचा व प्राचीन कृषीचा प्रकार समजला जातो. या प्रकारात प्रत्यक्ष जरी जमिनीची मशागत करून शेती केली जात नसली तरी उदरनिर्वाहासाठी पशुपालन करून या शेतीच्या प्रकारात अनेक लोक गुंतलेले दिसतात. भटक्या पशुपालनाची सुरुवात ही ख्रि.पूर्व 3000 वर्षांपूर्वीची असावी असे अनेक शास्त्रज्ञांचे मत आहे. या प्रकारची शेती प्रामुख्याने जगातील शुष्क व अर्धशुष्क प्रदेशात होताना दिसून येते. या शेतीचा मुख्य

उद्देश हा उदरनिर्वाह असून यामध्ये पशुपालन करणारे लोक कुटुंबाला अन्न व त्यासोबत मूलभूत गरजा पुरवितात. शेळी, मेंढी, उंट, गाय, खेचर, गाढव व रेनडिअर या प्राण्यांचा वापर या प्रकारच्या पशुपालनामध्ये केला जातो. या प्राण्यांच्या चराईसाठी तसेच गवत मिळविण्यासाठी शेतकऱ्यांना एका प्रदेशातून दुसऱ्या प्रदेशामध्ये वारंवार स्थलांतर करावे लागते. म्हणून यास 'भटके पशुपालन' असे म्हणतात.

प्रदेश : या प्रकारचे पशुपालन प्रामुख्याने जगातील शुष्क व अर्धशुष्क प्रदेशात होताना दिसून येते. भटक्या पशुपालनाचे खालील तीन प्रदेश हे मुख्य प्रदेश म्हणून ओळखले जातात.

(1) मध्य आशिया : या प्रदेशामध्ये मंगोलिया, तिबेट, तुर्केमेनिस्तान, कझाकिस्तान, उझबेकिस्तान व किरगिझ प्रदेश यांचा समावेश होतो.

(2) नैर्ऋत्य आशिया व आफ्रिका : यामध्ये इराण, इराक, सीरिया, जॉर्डन, सौदी अरेबिया, यू.ए.ई., तुर्कीचा पठारी प्रदेश, सुदान, सहारा वाळवंटाचा अर्धशुष्क प्रदेश या प्रदेशांचा समावेश होतो.

(3) टुंड्रा : यामध्ये नॉर्वे, स्वीडन, रशिया, फिनलँड या देशांचा उत्तर भाग येतो.

पशुपालनाची पद्धत : हे पशुपालन प्रामुख्याने निसर्गनिर्मित किंवा परिसंस्थेने तयार केलेल्या गवताळ प्रदेश किंवा चराऊ कुरणांच्या प्रदेशामध्ये होताना दिसून येते. शुष्क व अर्धशुष्क प्रदेशात पाण्याची कमतरता म्हणजे कमी पाऊस असल्याने पिकांची शेती किंवा उत्पादन होत नाही. त्यामुळे या प्रदेशात राहणारे लोक उदरनिर्वाहासाठी शेळ्या, मेंढ्या, उंट, खेचर, गाढव, रेनडिअर या प्राण्यांचा वापर करून पशुपालन करतात. या प्रदेशात थोड्याफार प्रमाणात गवताची वाढ होते. त्यामुळे हे लोक गवताळ प्रदेशांमध्ये वारंवार स्थलांतर करताना दिसून येतात.

वैशिष्ट्ये :

1. पावसाची कमतरता, मृदेचा निकृष्ट दर्जा व मानवनिर्मित जलसिंचनाचा अभाव यामुळे या प्रदेशात नैसर्गिक गवताच्या किंवा कुरणांच्या मदतीने पशुपालन केले जाते.

2. या शेतीचा किंवा पशुपालनाचा मुख्य उद्देश उदरनिर्वाह म्हणजेच कुटुंबाला अन्न पुरविणे हा आहे.

3. या प्रकारातील लोक हे चारा व पाण्याच्या शोधात स्थलांतर करत असतात.

4. या प्रकारच्या पशुपालनात शेळी, मेंढी, गाई, गाढव, खेचर, घोडा, उंट व रेनडिअर या प्राण्यांचा वापर केला जातो.

5. या प्रकारची शेती करणारे लोक हे समूह करून राहतात. त्यामध्ये साधारणतः 25-60 शेळ्या किंवा मेंढ्यांचा तर 10-25 उंट, घोडे, गाई यांचा कळप असतो.

6. शुष्क प्रदेशात शेळी व मेंढ्यांचा तर अर्धशुष्क प्रदेशात उंट, गाई, घोडा व खेचर यांचा वापर होतो.

7. या प्रकारचे पशुपालन करणाऱ्या कझाकस, किरगिझ, मंगोल्स या जमातींमध्ये आशियामध्ये तर लाप्स, याकूत आणि एस्किमो या जमाती टुंड्रा प्रदेशात आढळतात. त्याचबरोबर आफ्रिकेमध्ये मसाई जमात ही भटके पशुपालन करताना आढळते.

8. या प्रकारच्या पशुपालनात तुर्कस्तान या देशात लोकरीच्या मेंढ्या प्रसिद्ध आहेत. 'अंगोरा मेंढ्या' या 'मोहोर' नावाची लोकर देण्यास प्रसिद्ध मानल्या जातात.

9. या प्रकारचे पशुपालन मध्य आशिया, नैर्ऋत्य आशिया, आफ्रिका व टुंड्रा या प्रदेशांमध्ये केले जाते.

10. या प्रकारात पशुपालन करणारे लोक प्रामुख्याने दूध, मांस, चीज, दही, लोणी यांचा अन्न म्हणून वापर करतात.

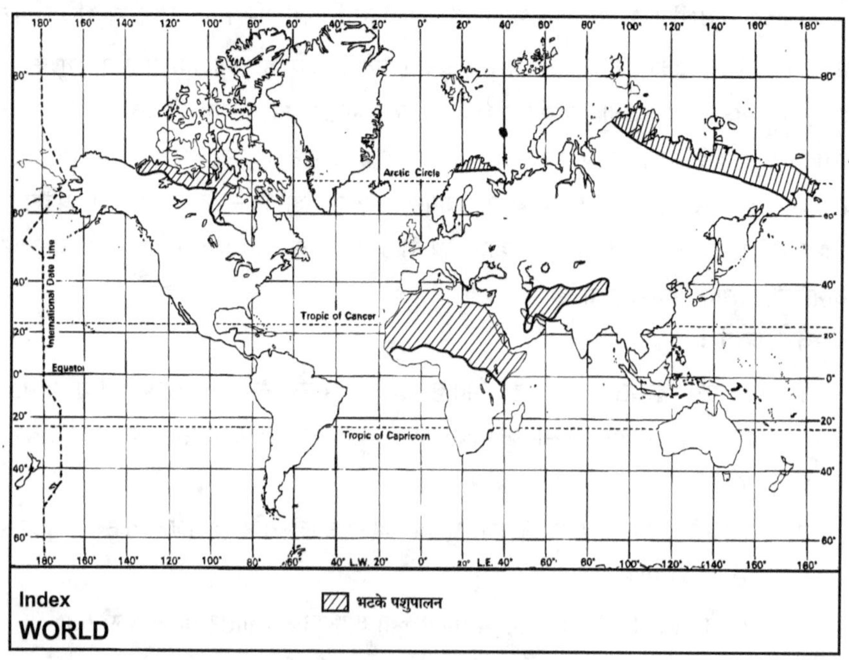

भटके पशुपालन प्रदेश

II. कुरणांचे पशुपालन (Livestock Ranching)

पार्श्वभूमी : उदरनिर्वाहाच्या शेतीमधील हा दुसरा महत्त्वाचा प्रकार मानला जातो. या प्रकारातसुद्धा प्रत्यक्ष शेतीची मशागत न करता पशुपालनाद्वारे उदरनिर्वाह केला जातो. या प्रकारचे पशुपालन प्रामुख्याने समशीतोष्ण उष्ण कटिबंधातील गवताळ प्रदेशात होते. यामध्ये प्रामुख्याने शेळ्या, मेंढ्या व गाईंचा पशुपालनासाठी वापर केला जातो. या प्रकारात ठरावीक प्रदेशात चराईसाठी कुरणे असतात.

प्रदेश : या प्रकारच्या पद्धतीमध्ये प्रामुख्याने उष्ण व समशीतोष्ण प्रदेशातील गवताळ प्रदेश येतात. अर्जेंटिना आणि उरुग्वेमधील पंपास, उत्तर अमेरिकेतील प्रेअरी, आफ्रिकेतील सेव्हाना व वेल्ड, ऑस्ट्रेलियातील डाऊन्स तर न्यूझीलंडमधील कॅन्टरबेरी या प्रदेशांचा समावेश होतो. तसेच कॅनडाचा मैदानी प्रदेश व मेक्सिकोचा उत्तर भाग यांचाही यामध्ये समावेश होतो. दक्षिण अमेरिकेतील पराग्वे आणि उरुग्वे नदीच्या मधील भाग म्हणजे 'पॅन्टागोनिया' व 'टेरा डेल फिगो' हे पशुपालनासाठी प्रसिद्ध प्रदेश म्हणून ओळखले जातात.

पुशपालननाची पद्धत : हे पशुपालन प्रामुख्याने निसर्गनिर्मित गवताळ प्रदेशावर आधारित आहे. उष्ण कटिबंधीय व समशीतोष्ण कटिबंधीय प्रदेशामध्ये अल्प प्रमाणात होणारे पर्जन्य व शेतीसाठी प्रतिकूल हवामान यामुळे या प्रदेशात गवताळ प्रदेशावर आधारित पशुपालन केले जाते. हा प्रदेश प्रामुख्याने सपाट भूभागावर आढळतो. या प्रकारात प्रामुख्याने दूध, मांस व लोणी यांचे उत्पादन मोठ्या प्रमाणात घेतले जाते.

वैशिष्ट्ये :

1. सपाट प्रदेशावरील गवताळ भागात या प्रकारचे पशुपालन होताना दिसून येते.

2. या प्रदेशात अल्प प्रमाणात पर्जन्य आढळते (25-75 सें.मी.).

3. हा प्रदेश प्रामुख्याने उष्ण व समशीतोष्ण कटिबंधीय प्रदेशात येतो.

4. यामध्ये अर्जेंटिना व ऊरुग्वेमधील पंपास, उत्तर अमेरिकेतील प्रेअरी, आफ्रिकेतील सेव्हाना व वेल्ड, ऑस्ट्रेलियातील डाऊन्स, तर न्यूझीलंडमधील कॅन्टरबेरी हे महत्त्वाचे गवताळ प्रदेश येतात.

5. या प्रकारच्या पशुपालन पद्धतीत दूध, मांस व लोणी यांचे उत्पादन मोठ्या प्रमाणात घेतले जाते.

6. यामध्ये न्यूझीलंड व अर्जेंटिना हे जगातील महत्त्वाचे पशुपालन करणारे देश म्हणून ओळखले जातात.

7. न्यूझीलंड हा देश एकूण मटण निर्यातीच्या 50 टक्के निर्यात करतो. तसेच गोमांस, लोणी व लोकर उत्पादनातही अग्रेसर आहे.

8. ऑस्ट्रेलियामध्ये जवळजवळ 12 कोटी शेळ्या असून हा देश जगातील 50% लोकर निर्यात करणारा देश आहे.

9. अर्जेंटिना या देशातून मोठ्या प्रमाणात मांस, दूध, लोणी यांची निर्यात केली जाते.

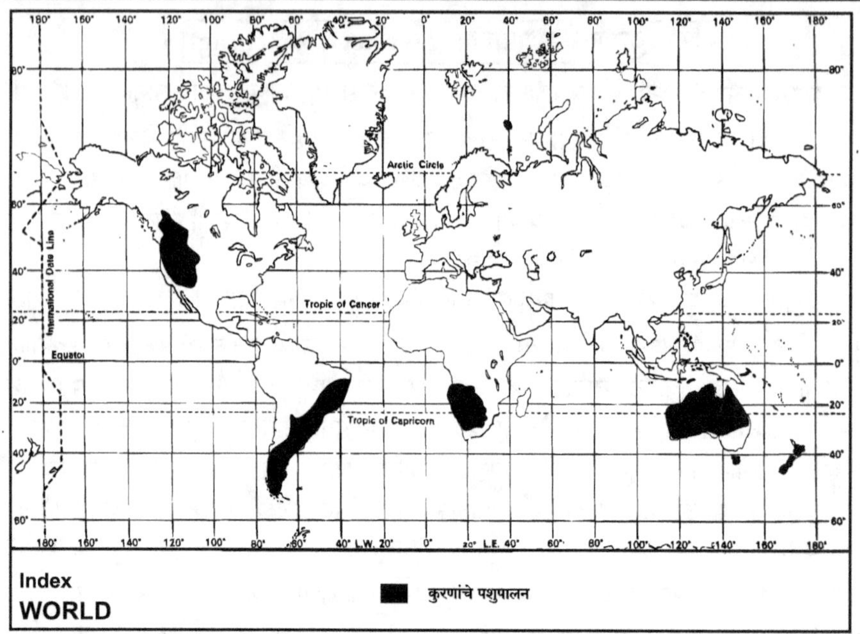

कुरणांचे पशुपालन प्रदेश

III. स्थलांतरित शेती (Shifting Cultivation)

पार्श्वभूमी : स्थलांतरित शेती ही मानवाची प्राथमिक शेती समजली जाते. ख्रि.पू. 8000 वर्षांपूर्वी या शेतीची सुरुवात झाली असावी असे शास्त्रज्ञांचे मत आहे. या शेती प्रकारात शेतकरी काही कालावधीनंतर म्हणजेच 2 ते 3 वर्षांनंतर नवीन जागेत स्थलांतर करत असतो. या प्रकारची शेती ही स्थायी स्वरूपाची नसते. यामध्ये प्राथमिक स्वरूपात विरळ झाडाझुडपांचा भाग स्वच्छ केला जातो. काही वेळा तो भाग स्वच्छ करण्यासाठी अग्नी लावला जातो. त्यानंतर स्वच्छ झालेल्या भागावर शेती करतात व 2 ते 3 वर्षांनंतर पुन्हा नवीन जागी स्थलांतर करतात. त्यामुळे या शेतीला 'स्थलांतरित शेती' असे म्हणतात.

प्रदेश : या प्रकारची शेती प्रामुख्याने दक्षिण अमेरिकेतील ॲमेझॉनचे खोरे, आफ्रिकेचा सखल भाग, आग्नेय आशिया तसेच भारतातील आसाम, हिमालयाच्या पायथ्याचा भाग, मध्य प्रदेश, छत्तीसगड व राजस्थानचा काही भाग या प्रदेशात होताना दिसून येते.

शेतीची पद्धत : या प्रकारची शेती प्रामुख्याने विरळ जंगल स्वच्छ करून केली जाते. तसेच ही शेती उताराच्या भागात करतात. जेणेकरून पाण्याचा निचरा होईल. जमिनीची स्वच्छता केल्यानंतर मशागत केली जाते. मशागत व शेतीची सर्व कामे हाताने व

साध्या अवजाराने केली जातात. यामध्ये फावडे, टिकाव, चाकू, काठ्या (दगडी व लाकडी) यांचा वापर केला जातो. सध्याच्या काळात यामध्ये थोडा बदल होऊन लोखंडी अवजारांचा वापर वाढला आहे.

या शेती प्रकारात संमिश्र पीक पद्धती आढळते. यामध्ये खाद्यान्न, भाजीपाला व रोखींच्या पिकांचा समावेश होतो. उदा., सोयाबीन, मका, तांदूळ, बटाटे, मिरची, कांदे, कोहळा, घेवडा व काही प्रमाणात कापूस इत्यादी या प्रकारची शेती करणारे लोक जोडधंदा म्हणून पशुपालन, मासेमारी व काही प्रमाणात शिकार करताना दिसून येतात.

स्थलांतरित शेती प्रकारामध्ये जगाच्या अनेक भागांचा समावेश होतो. या भागांमध्ये स्थलांतरित शेतीला वेगवेगळ्या प्रकारची नावे दिलेली दिसून येतात. ती खालील तक्त्यांद्वारे स्पष्ट होते.

क्र.	प्रदेश	स्थलांतरित शेतीची नावे
1.	मेक्सिको, द. अमेरिका व मध्य आफ्रिका	मिल्पा
2.	आग्नेय आशिया व इंडोनेशिया	लडांग
3.	व्हिएतनाम	रे
4.	ब्राझील	रोका
5.	कांगो	मासोले
6.	फिलिपिन्स	कैंगीन
7.	व्हेनेझुएला	कोनुको
8.	प. घाट (भारत)	कुमरी
9.	मध्य प्रदेश, छत्तीसगड	डाह्या
10.	राजस्थान	वालरा
11	आसाम	झुमिंग

वैशिष्ट्ये :

1. ही शेती प्रामुख्याने जंगल भागात होते.
2. या शेतीमध्ये 2 ते 3 वर्षांनी जागा किंवा जमीन बदलली जाते त्यामुळे तिला स्थलांतरित शेती असे म्हणतात.
3. या शेतीची सर्व कामे हाताने व हलक्या अवजाराने केली जातात.
4. कोणत्याही प्रकारचे खत या प्रकारच्या शेतीमध्ये वापरले जात नाही.
5. या शेतीचा मूळ उद्देश उदरनिर्वाह असून जोडधंदा पशुपालन व मासेमारी हा आढळते.

6. यामध्ये संमिश्र पीक पद्धती आढळते. ज्यामध्ये खाद्यान्न, भाजीपाला व रोखीच्या पिकांचा समावेश होतो.

7. ही शेती प्रामुख्याने दक्षिण अमेरिका, आफ्रिका, आग्नेय आशिया व काही प्रमाणात भारतामध्ये होताना दिसून येते.

8. या शेतीतून मिळणारे आर्थिक उत्पन्न कमी असल्याने शेतीस महत्त्व कमी आहे.

9. या शेतीसाठी मोठ्या प्रमाणात वृक्षतोड होत असल्याने वनस्पतींचा नाश होऊन त्याचा पर्यावरणावर परिणाम होतो.

10. जगामध्ये अनेक लोकांचे जीवन या शेतीवर अवलंबून आहे. त्यामुळे उदरनिर्वाहाच्या दृष्टीने ही शेती महत्त्वाची आहे.

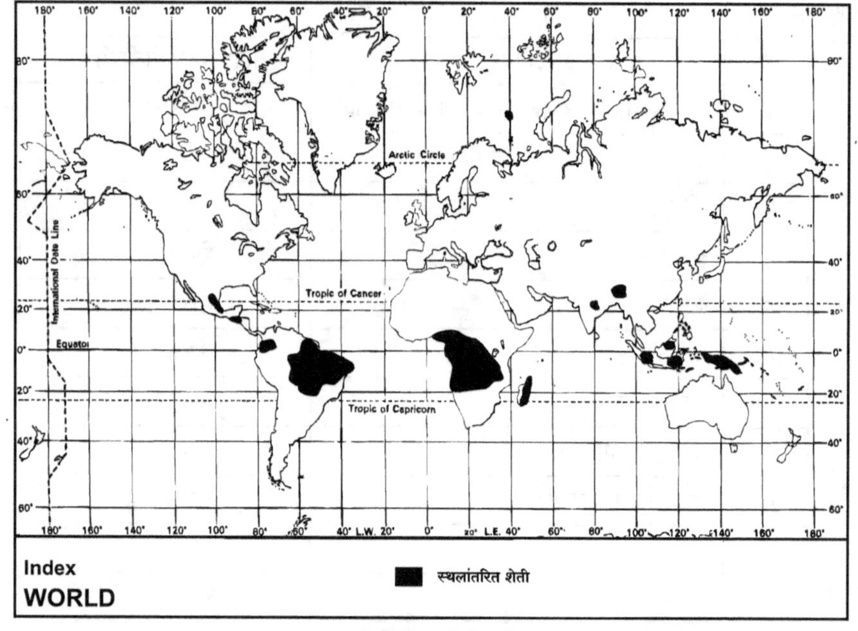

स्थलांतरित शेती प्रदेश

IV. कोरडवाहू धान्य शेती (Dry Grain Farming)

पार्श्वभूमी : उदरनिर्वाहाच्या शेती पद्धतीमध्ये कोरडवाहू धान्य शेती हा महत्त्वाचा प्रकार मानला जातो. या शेतीची सुरुवात ही प्राचीन स्वरूपाची असलेली दिसून येते. जगाच्या अनेक भागांत या प्रकारची शेती सुरू आहे. त्यामध्ये इ.स. 1865 मध्ये संयुक्त संस्थानामध्ये या शेतीची सुरुवात दिसून येते. या शेतीच्या संशोधनाचा बराच अभ्यास संयुक्त संस्थानामध्ये झालेला दिसून येतो. यानंतर या शेती प्रकाराचे जगामध्ये अनेक भागात विस्तृत अशी उभारणी झाली. कारण आज जगामध्ये निम्म्याहून जास्त प्रदेश सुमारे

50% हा कोरडवाहू शेतीने व्यापलेला आहे. ही शेती प्रामुख्याने कमी पावसाच्या प्रदेशात जलसिंचनाशिवाय केली जाते. या शेतीच्या भागात सुमारे 30 सें.मी. ते 60 सें.मी. एवढा पाऊस पडतो.

प्रदेश : कोरडवाहू शेती प्रामुख्याने उत्तर अमेरिकेतील संयुक्त संस्थाने, कॅनडाचा प्रेअरी प्रदेश, दक्षिण अमेरिकेतील अर्जेंटिना, आफ्रिकेचा दक्षिण भाग, रशियाचा अर्धशुष्क प्रदेश मंगोलिया, चीनचा उत्तर भाग व ऑस्ट्रेलिया या प्रदेशात केली जाते. यामध्ये काही प्रमाणात भारतातही या प्रकारची शेती केली जाते.

शेतीची पद्धत : या प्रकारची शेती प्रामुख्याने पृथ्वीवरील अर्धशुष्क प्रदेशात केली जाते. या प्रदेशात सुपीक जमीन आढळते परंतु अपुरी वृष्टी व निकृष्ट पाणीपुरवठ्याच्या सोई असल्यामुळे कोरडवाहू धान्य शेती केली जाते. या शेतीमध्ये प्रामुख्याने सर्व पिके ही थोड्याफार पडणाऱ्या पावसावर अवलंबून असतात.

या शेती पद्धतीत प्रथमतः पाऊस पडण्याआधी जमिनीची खोल नांगरणी केली जाते. त्यामुळे पावसाचे पाणी जमिनीत मुरते व पिकांच्या वाढीसाठी त्याचा उपयोग होतो. या प्रकारच्या शेतीमध्ये वारा धूप नियंत्रणासाठी बांधावर झाडे लावली जातात. या प्रकारच्या शेतीमध्ये अवजारांचा वापर केला जातो. यामध्ये लोखंडी अवजारांचा जास्त समावेश असतो. या प्रकारच्या शेतीमध्ये गहू, सोरघम, कापूस, बार्ली, फ्लॅक्स इ. कमी पावसावर येणारी पिके घेतली जातात. भारतामध्ये या प्रकारच्या शेतीमध्ये कापूस, तूर, मूग, उडीद, तीळ इत्यादींचे चे उत्पादन घेतले जाते. या शेतीस भारतात 'जिरायती शेती' असे नाव आहे. या शेती प्रकारात धान्याचे मोठ्या प्रमाणात उत्पादन घेतले जाते.

वैशिष्ट्ये :

1. कोरडवाहू धान्य शेती ही प्रामुख्याने कमी पावसाच्या प्रदेशात म्हणजेच अर्धशुष्क प्रदेशात घेतली जाते.

2. या प्रकारच्या शेतीचा मुख्य उद्देश उदरनिर्वाह असून यामध्ये धान्याचे उत्पादन मोठ्या प्रमाणात घेतले जाते.

3. या प्रकारच्या शेती प्रकारात गहू, बार्ली, उडीद, तीळ, तूर, मूग, सोरघम या पिकांचा समावेश होतो.

4. या प्रकारच्या शेतीसाठी जमिनीची नांगरणी केली जाते व गवतावर नियंत्रण ठेवले जाते.

5. या पीक पद्धतीत वर्षातून एक पीक घेतले जाते. परंतु काही भागात या शेतीमधून दोन पिकांचे उत्पादन घेतात.

6. या शेती प्रकारात कमी पावसावर येणारी पिके घेतली जातात. कारण या प्रदेशात पावसाचे प्रमाण हे अत्यल्प आहे.

7. कोरडवाहू शेती ही प्रामुख्याने उत्तर अमेरिका, अर्जेंटिना, दक्षिण आफ्रिका, रशिया, मंगोलिया, चीन व ऑस्ट्रेलिया या भागात होते.

8. कोरडवाहू शेतीचे क्षेत्र हे जगामध्ये 50% पेक्षा जास्त प्रमाणात असलेले दिसून येते.

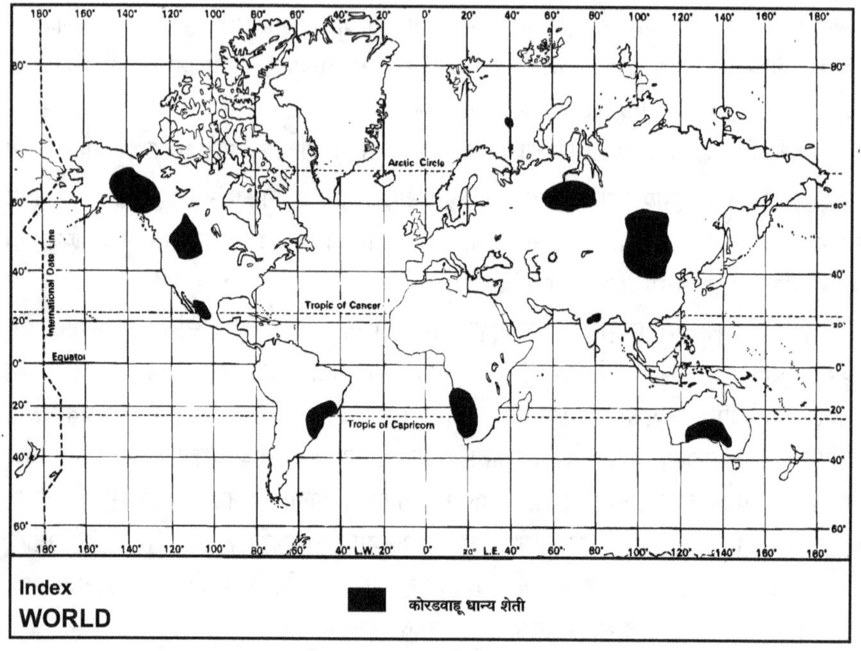

कोरडवाहू धान्य शेती – प्रदेश

V. सखोल आर्द्र शेती (Intensive Wet Farming)

पार्श्वभूमी : सखोल आर्द्र शेती हा उदरनिर्वाहाच्या शेतीचा एक महत्त्वाचा प्रकार आहे. ही शेती आर्द्र मोसमी हवामानाच्या प्रदेशात केली जाते. जास्तीत जास्त उत्पादन मिळविण्याच्या हेतूने योग्य मनुष्यबळाचा व भांडवलाचा वापर करून दाट लोकवस्ती असलेल्या व आर्द्र मोसमी हवामान असलेल्या प्रदेशात जी शेती केली जाते त्या शेतीस सखोल आर्द्र शेती असे म्हणतात.

प्रदेश : आग्नेय आशियातील मोसमी हवामानाच्या प्रदेशात ही शेती आढळते. यामध्ये चीन, भारत, व्हिएतनाम, पाकिस्तान, बांगला देश, म्यानमार, थायलंड, फिलिपिन्स कंबोडिया, श्रीलंका या देशांचा समावेश होतो.

शेतीची पद्धत : या प्रकारची शेती प्रामुख्याने दाट लोकवस्तीच्या प्रदेशात केली जाते. या शेतीत आधुनिक शेती पद्धतीचा वापर केला जातो. यामध्ये बी-बियाणे, रासायनिक व हिरवी खते व कीटकनाशके यांचा वापर केला जातो. या प्रकारच्या शेती

क्षेत्रात भरपूर पाऊस व मानवनिर्मित जलसिंचनाचा पुरवठा यामुळे वर्षांतून दोन ते तीन पिकांचे उत्पादन घेतले जाते. या शेतीमध्ये अधिक उत्पादन घेण्याच्या हेतूने शेती पद्धतीत वारंवार बदल केले जातात. शेतीच्या विविध क्रियांमध्ये छोट्या-छोट्या अवजारांचा वापर केला जातो. परंतु प्रत्यक्षात या प्रकारच्या शेतीमध्ये मोठ्या प्रमाणात मजुरांचा पुरवठा असल्याने बरीच कामे हाताने केली जातात.

या प्रकारच्या शेतीमध्ये प्रामुख्याने खाद्य पिके घेण्यात येतात. यामध्ये भाताचे पीक प्रमुख समजले जाते. त्याचबरोबर इतर पिकेही घेतली जातात. त्यामध्ये गहू, मका, डाळी, तेलबिया, सोयाबीन तसेच भाजीपाला या पिकांचाही समावेश होतो.

या शेतीच्या पद्धतीमध्ये प्रमुख दोन प्रकार पडतात. त्यामध्ये (1) भात पिकाचे वर्चस्व असलेली सखोल शेती (2) भाताशिवाय इतर पिकांचे वर्चस्व असलेली सखोल शेती.

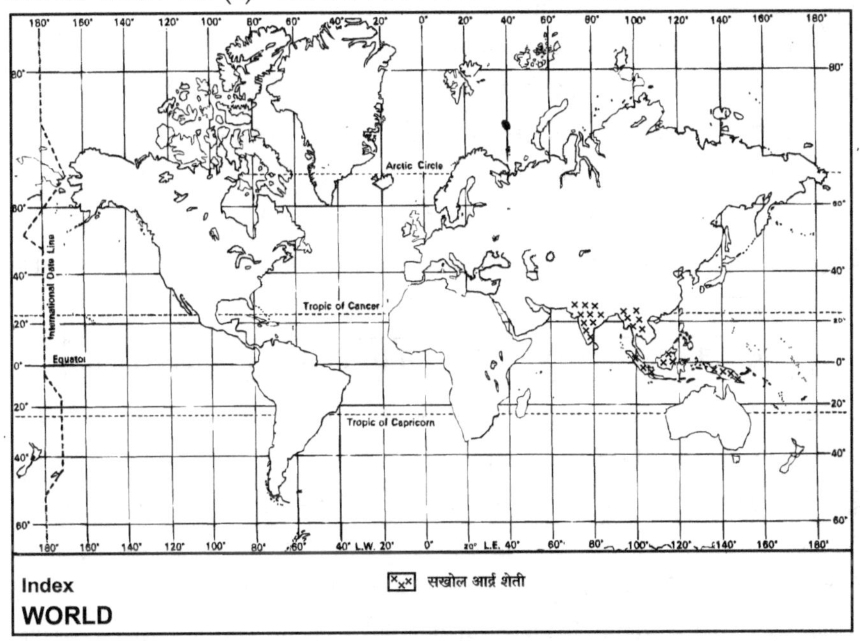

सखोल आर्द्र शेती – प्रदेश

वैशिष्ट्ये :

1. जगामध्ये सुमारे 60% लोकसंख्या व तितक्याच शेतकऱ्यांची उपजीविका सखोल शेतीवर अवलंबून असते.

2. या प्रकारच्या शेतीचा आकार लहान असतो. मात्र उत्पादन मोठ्या प्रमाणात घेतले जाते.

3. मजुरांचा पुरवठा प्रचंड असल्याने बरीच कामे हाताने केली जातात.

4. पावसाचे प्रमाण जास्त असते. तसेच जलसिंचनाच्या सोईंचा पुरवठा असल्याने वर्षांतून 2 ते 3 पिके घेतली जातात.

5. या प्रकारची शेती संमिश्र प्रकारची आढळते.

6. यामध्ये खाद्य पिकांचे उत्पादन मोठ्या प्रमाणात घेतले जाते. ज्यामध्ये भात, गहू, तेलबिया, सोयाबीन, मका, डाळी व भाजीपाला यांचा समावेश होतो.

7. या शेती प्रकारात भात पीक असणारी शेती व भात पीक नसणाऱ्या पिकांची शेती असे दोन प्रमुख प्रकार पडतात.

8. या शेती प्रकारात दर हेक्टरी उत्पन्न जास्त असते. परंतु या प्रदेशातील लोकसंख्या जास्त असल्याने दरडोई उत्पन्नाचे प्रमाण जास्त असते.

2.1.2 व्यापारी शेती (Commercial Farming)

व्यापारी शेती ही शेतीची दुसरी महत्त्वाची पद्धत आहे. या शेतीमध्ये घेतले जाणारे उत्पादन प्रामुख्याने व्यापारी उद्देशाने घेतले जाते. म्हणून या शेती पद्धतीस 'व्यापारी शेती' असे म्हणतात. थोडक्यात, शेतीमध्ये पिकविलेल्या उत्पन्नाची राष्ट्रीय व आंतरराष्ट्रीय बाजारपेठेत विक्री करून पैसे मिळविले जातात त्यास 'व्यापारी शेती' असे म्हणतात. ही शेती अलीकडच्या काळात उदयास आलेली दिसून येते. या शेतीच्या प्रकारामध्ये प्रामुख्याने विस्तृत खाद्य (धान्य) पिकाची शेती, संमिश्र शेती, बागायती शेती, फळ शेती, दुग्धोत्पादन शेती व आधुनिक शेती या सहा प्रकारांचा समावेश होतो.

I. विस्तृत खाद्य (धान्य) पिकांची शेती (Extensive Grain Farming)

पार्श्वभूमी : विस्तृत खाद्य (धान्य) पिकांची शेती हा व्यापारी शेतीचा प्रमुख व महत्त्वाचा प्रकार आहे. विरळ लोकवस्तीच्या प्रदेशात व मध्यम पाऊस पडणाऱ्या प्रदेशात मोठ्या प्रमाणात उपलब्ध असलेल्या शेतजमिनीत या प्रकारची शेती होताना दिसून येते. या शेतीमध्ये मर्यादित मनुष्यबळ असल्याने भरपूर भांडवलाचा उपयोग व आधुनिक यंत्रसामग्रीच्या आधारे जास्तीत जास्त उत्पादन मिळविण्याचा प्रयत्न केला जातो. ही शेती अलीकडच्या काळात नव्याने विकसित झालेली आहे. या शेती प्रकारात मोठ्या प्रमाणात खाद्य पिकांचे उत्पादन घेतले जाते. तसेच या प्रकारच्या शेतीचे क्षेत्र हे फार मोठे असते म्हणून यास 'विस्तृत खाद्य (धान्य) पिकांची शेती' असे म्हणतात.

प्रदेश : समशीतोष्ण कटिबंधातील दोन्ही गोलार्धात 30° ते 50° अक्षवृत्तांच्या दरम्यान या प्रकारची शेती केली जाते. यामध्ये संयुक्त संस्थाने व कॅनडातील प्रेअरी, रशियातील स्टेपी, अर्जेंटिनातील पंपास, ब्राझीलमधील कंपोज, ऑस्ट्रेलियातील डाऊन्स, दक्षिण आफ्रिकेतील व्हेल्ड व न्यूझीलंडमधील कॅन्टरबेरी या गवताळ प्रदेशांचा समावेश होतो.

शेतीची पद्धत : ही शेती आधुनिक पद्धतीने केली जाते. यामध्ये शेतीचे क्षेत्र मोठे असल्याने शेतीच्या कामासाठी जास्तीत जास्त यंत्रांचा वापर केला जातो. जमीन नांगरण्यापासून ते पिकांची कापणी व मळणीपर्यंत सर्व कामे यंत्राच्या साहाय्याने करतात. तसेच सुधारित बी-बियाणे, रासायनिक खते व कीटकनाशके यांचा वापर मोठ्या प्रमाणात केला जातो. ज्या प्रदेशात ही शेती होते तेथे पूर्वी गवताचे आच्छादन होते. हा सर्व भाग मैदानी प्रदेश आहे. या ठिकाणी मोठ्या प्रमाणात शेतजमीन उपलब्ध असल्याने येथील शेतीक्षेत्र आकाराने फार मोठे असते. सामान्यतः या ठिकाणच्या शेताचा आकार 500 ते 1000 हेक्टर इतका असतो.

या प्रकारच्या शेतीमध्ये खाद्य पिके मोठ्या प्रमाणात घेतली जातात. यामध्ये गहू हे महत्त्वाचे पीक आहे. या प्रदेशात गव्हाचे प्रचंड उत्पादन होते त्यामुळे बऱ्याच देशांना या भागातून गव्हाचा पुरवठा केला जातो. या प्रदेशात स्टेपी व प्रेअरी या ठिकाणी 'चेर्नोझम' (काळी मृदा) मृदा ही गव्हासाठी उत्कृष्ट असल्याने या प्रदेशात मोठ्या प्रमाणात गव्हाचे उत्पादन घेतले जाते. तसेच या प्रदेशात मका, ओट, बार्ली, तेलबिया, राय व फ्लॅक्स यांसारखी पिकेही घेतली जातात.

या प्रदेशातील सुपीक जमीन 30-60 सें.मी. पडणारा पाऊस, आधुनिक यंत्रांचा वापर व योग्य प्रमाणात होणारा खतांचा वापर यामुळे गहू व इतर पिकांचे उत्पादन जास्त असते.

विस्तृत खाद्य पिकांचे महत्त्वाचे प्रदेश :

(1) स्टेपीजचा प्रदेश : हा प्रदेश युरोप व आशिया खंडात आढळतो. स्टेपीजचा सर्वांत मोठा भाग हा रशियामध्ये येतो. यामध्ये रशियातील किव्हजपासून ते सैबेरियातील ओमास्कापर्यंत हा विस्तीर्ण असा सुपीक प्रदेश आढळतो. यामध्ये स्टेपी व युक्रेन असे महत्त्वाचे प्रदेश आढळतात. या दोन्ही प्रदेशात मोठ्या प्रमाणात गव्हाचे उत्पादन होते म्हणून यांना 'गव्हाचे कोठार' असे म्हणतात.

(2) प्रेअरीचा प्रदेश : उत्तर अमेरिकेतील कॅनडा व संयुक्त संस्थानच्या उत्तर भागात हा विस्तीर्ण असा प्रदेश आढळतो. यामधील वॉशिंग्टन, ओरिगॉन, आयोबा, कान्सास, डाकोटा, अल्बर्ट, मेनीटोबा या प्रदेशात मोठ्या प्रमाणात गव्हाची व मक्याची शेती केली जाते. संयुक्त संस्थानातील हा प्रदेश मक्याच्या शेतीसाठी प्रसिद्ध आहे.

(3) पंपासचा प्रदेश : दक्षिण अमेरिकेतील अर्जेंटिना या प्रदेशात या प्रकारची शेती केली जाते.

(4) व्हेल्डचा प्रदेश : हा दक्षिण आफ्रिकेतील विस्तीर्ण असा गवताळ प्रदेश आहे. या भागात बार्ली, तेलबिया व गहू यांचे उत्पादन मोठ्या प्रमाणात होते.

(5) डाऊन्स व कॅन्टरबेरीचा प्रदेश : ऑस्ट्रेलियातील मरे व डार्लिंग नद्यांच्या खोऱ्यात डाऊन्स या प्रदेशाचा समावेश होतो तर न्यूझीलंडमधील कॅन्टरबेरी हा गवताळ प्रदेश या दोन्ही प्रदेशात व्यापारी खाद्य पिकांची शेती केली जाते.

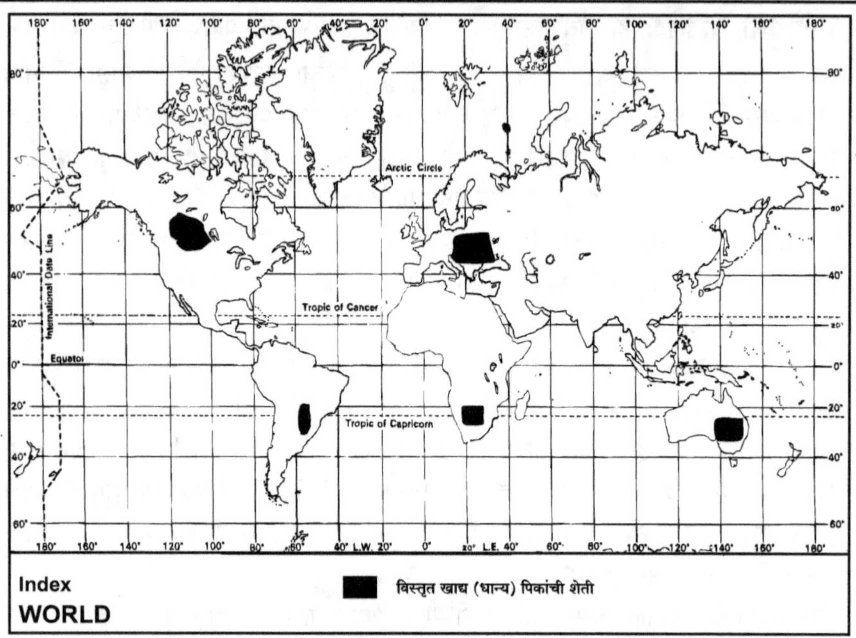

विस्तृत खाद्य (धान्य) पिकांची शेती – प्रदेश

वैशिष्ट्ये :

1. कमी लोकसंख्या व कमी पावसाच्या प्रदेशात या प्रकारची शेती केली जाते.

2. शेताचा आकार खूपच मोठा असतो. सर्वसाधारणपणे 100 ते 500 हेक्टरपर्यंत हा आकार येतो.

3. ही शेती आधुनिक पद्धतीने केली जाते. यामध्ये आधुनिक यंत्राचा समावेश असून सुधारित बी-बियाणे, रासायनिक खते व कीटकनाशके यांचाही वापर होतो.

4. या प्रकारच्या शेतीला मोठ्या प्रमाणात भांडवलाची आवश्यकता असते.

5. या शेतीचे दरडोई उत्पन्न जास्त तर हेक्टरी उत्पन्न कमी असते.

6. या शेतीतील उत्पादन हे प्रामुख्याने व्यापारासाठी घेतले जाते. त्यामुळे या शेतीस आंतरराष्ट्रीय व्यापारात स्थान आहे.

7. या शेतीमध्ये गहू हे प्रमुख पीक आहे.

II. संमिश्र शेती (Mixed Farming)

पार्श्वभूमी : संमिश्र शेती हा एक महत्त्वाचा व्यापारी शेतीचा प्रकार आहे. मध्य कटिबंधीय प्रदेशातील साधारण दाट लोकवस्तीच्या विभागात शेतजमिनीतून एकाच वेळी किंवा चक्रीय पद्धतीने पिके, फळे व भाजीपाला यांचे पशुधनाच्या साहाय्याने व यांत्रिक अवजारे, उत्तम प्रतीची बी-बियाणे, खते यांचा वापर करून अधिकाधिक व उत्तम दर्जाचे

उत्पादन केले जाते त्यास 'संमिश्र शेती' असे म्हणतात. यामध्ये प्रामुख्याने निरनिराळ्या पिकांबरोबर पशुपालनही केले जाते. ही शेती प्रामुख्याने अलीकडच्या काळात उदयास आलेली दिसून येते.

प्रदेश : संमिश्र शेती प्रामुख्याने वायव्य युरोप म्हणजेच फ्रान्सपासून पूर्व सैबेरियापर्यंत उत्तर अमेरिकेचा पूर्व व वायव्य भाग, मध्य मेक्सिको, ब्राझील, अर्जेंटिना व दक्षिण आफ्रिका येथे केली जाते.

शेतीची पद्धत : ही शेती प्रामुख्याने आधुनिक पद्धतीने केली जाते. यामध्ये विविध पिकांच्या उत्पादनाबरोबर पशुधनाचे सहकार्य घेतले जाते. यामध्ये डुकरे, जनावरे, मेंढ्या, कोंबड्या, शेळ्या यांचे पालन केले जाते. पशुपालनातून दूध, अंडी, मांस, लोकर, कातडी इ. पदार्थ मिळतात तर शेतीतून गहू, मका, बार्ली, ओट, राळ, बटाटे, बीट, फळे व विविध प्रकारचा भाजीपाला घेतला जातो. या शेतीत सुधारित बी-बियाणे, खते, कीटकनाशके यांचा वापर केला जातो. कोणत्याही शेती प्रकारापेक्षा संमिश्र शेतीमध्ये खतांचा दरहेक्टरी वापर सर्वांत जास्त असतो. या प्रकारची शेती करणाऱ्या शेतकऱ्यास शेतीचे संपूर्ण ज्ञान असते. तसेच वाहतूक, व्यापार व बाजारपेठांची अद्ययावत पुरेशी माहिती उपलब्ध केलेली असते. या प्रकारच्या शेती प्रदेशात सुमारे 50 ते 150 सें.मी. पाऊस पडतो. त्यामुळे मुबलक प्रमाणात पाण्याची उपलब्धता असते. त्याबरोबरच अनुकूल हवामानामुळे उत्पादनात भरघोस वाढ होताना दिसून येते.

वैशिष्ट्ये :

1. संमिश्र शेती ही मध्य कटिबंधातील अनुकूल हवामानाच्या प्रदेशात केली जाते.

2. या शेती प्रकारात शेतीचा आकार सर्वसाधारणपणे 20 ते 100 हेक्टर्स असतो.

3. या शेती पद्धतीत पिकांच्या उत्पादनाबरोबर पशुपालनही केले जाते.

4. या शेती प्रकारात जनावरांसाठी आधुनिक गोठा उभारला जातो तर धान्य साठवणुकीसाठी आधुनिक कोठारे (गुदामे) उभारली जातात.

5. संमिश्र शेतीतील उत्पादने स्थानिक तसेच आंतरराष्ट्रीय बाजारपेठेत पाठविली जातात. या उत्पादनांना आंतरराष्ट्रीय बाजारपेठेत चांगली किंमत मिळते.

6. या शेती प्रकारात उत्पादनाची विविधता असते तसेच पशुधनापासूनही विविध उत्पादने मिळतात. त्यामुळे बाजारातील चढ-उताराची झळ शेतकऱ्यास पोहोचत नाही.

7. या शेती प्रकारात मजुरांना वर्षभर काम मिळत असते.

8. या शेती प्रकारात आधुनिक तंत्रज्ञानाचा वापर केला जातो. तसेच सुधारित बी-बियाणे, खते व कीटकनाशके वापरली जातात.

9. ही शेती प्रामुख्याने वायव्य युरोप, उत्तर अमेरिका मध्य मेक्सिको, ब्राझील, अर्जेंटिना व दक्षिण आफ्रिका या प्रदेशात केली जाते.

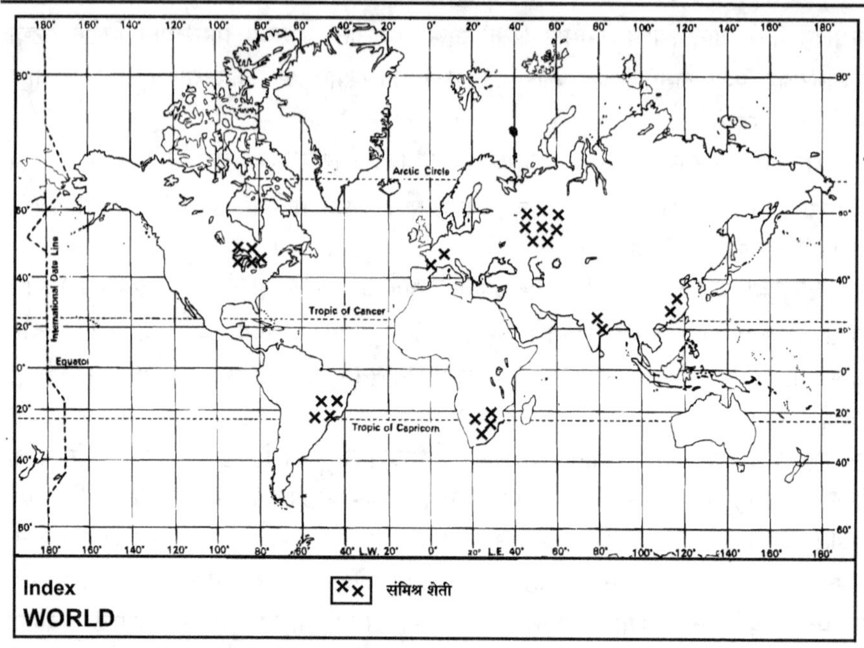

संमिश्र शेती - प्रदेश

III. बागायती किंवा मळ्याची शेती (Plantation Agriculture)

पार्श्वभूमी : बागायती किंवा मळ्याची शेती हा व्यापारी शेतीचा महत्त्वाचा प्रकार आहे. या शेतीचा प्रसार युरोपियन वसाहतवाद्यांनी म्हणजेच पोर्तुगीज, इंग्रज, डच, फ्रेंच यांनी उष्ण कटिबंधातील आशिया, आफ्रिका आणि दक्षिण अमेरिका इ. प्रदेशात केला. म्हणजेच या शेतीची सुरुवात ही प्रामुख्याने 150 ते 200 वर्षांपूर्वी झालेली दिसून येते.

प्रदेश : ही शेती प्रामुख्याने उष्ण कटिबंधातील भारत, श्रीलंका, इंडोनेशिया, मलेशिया, म्यानमार, फिलिपिन्स, ब्राझील, अर्जेंटिना, केनिया, नायजेरिया, ऑस्ट्रेलिया इ. देशांत केली जाते.

शेतीची पद्धत : बागायती शेती ही उष्ण-आर्द्र हवामानाच्या प्रदेशात होते. मोठ्या शेतातून प्रामुख्याने नगदी पिके पैसा मिळविण्यासाठी घेतली जातात त्या शेतीला बागायती शेती किंवा मळ्याची शेती असे म्हणतात. यामध्ये शेताचा आकार हा मोठा म्हणजेच 50 ते 300 हेक्टरपर्यंत असतो. या शेतीच्या प्रकारात मळे असतात. मळ्यांची मालकी खासगी, सहकारी संस्था, महामंडळ किंवा सरकारी असते. अजूनही काही देशांत मळ्यांची मालकी युरोपियन लोकांकडे आढळते.

या शेतीच्या प्रकारात चहा, कॉफी, रबर, नारळ, कोको, फळे, ऊस, केळी, मसाल्याचे पदार्थ यांसारखी पिके घेतली जातात. या पिकांसाठी उष्ण हवामान व भरपूर पाऊस आवश्यक असतो. म्हणून ही शेती उष्ण कटिबंधीय अधिक पावसाच्या प्रदेशात होताना

दिसून येते. या शेतीच्या प्रकारात अनेक प्रकारच्या कामासाठी कुशल व अकुशल मजुरांची आवश्यकता असते तसेच मोठ्या भांडवलाची आवश्यकता असते.

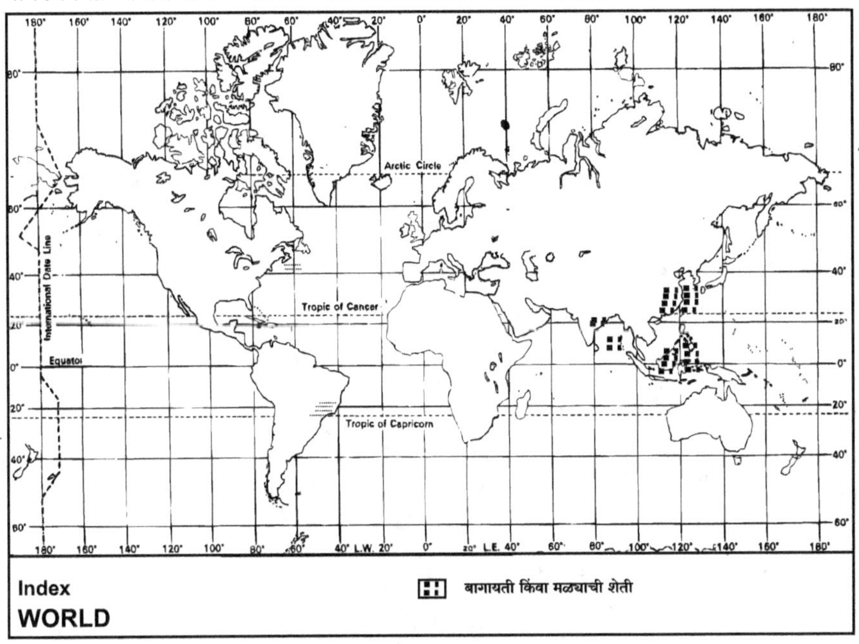

बागायती किंवा मळ्याची शेती – प्रदेश

वैशिष्ट्ये :

1. या शेतीमध्ये मळ्यांचा आकार सामान्यतः 50 ते 300 हेक्टरपर्यंत असतो.

2. मळ्याची मालकी ही खासगी, सहकारी संस्था, महामंडळ किंवा सरकारी असते.

3. मळ्याच्या शेतीसाठी मशागत बी-बियाणे, खते, कीटकनाशके, लागवड खर्च इ. साठी मोठा भांडवल पुरवठा लागतो.

4. या शेतीत शास्त्रोक्त पद्धतीने उत्पादन घेतले जाते.

5. मळ्याच्या शेतीसाठी अनेक प्रकारच्या कामासाठी मोठ्या प्रमाणात कुशल व अकुशल मजुरांची आवश्यकता असते.

6. ही शेती व्यापारी तत्त्वावर केली जाते. या शेतीतील उत्पादनांना आंतरराष्ट्रीय बाजारपेठेत अतिशय महत्त्व असते.

7. मळ्याच्या शेतीतील उत्पादने निर्यात करणाऱ्या देशांना मोठ्या प्रमाणात परकीय चलन मिळते.

8. जमिनीची धूप, रोग व किडींचा प्रादुर्भाव, मजुरांची कार्यक्षमता कमी, मजुरांमधील संघर्ष, पर्यावरणाची हानी, नैसर्गिक आपत्ती या मळ्याच्या किंवा बागायती शेतीच्या समस्या आहेत.

IV. फळशेती (Horticulture)

पार्श्वभूमी : हा व्यापारी शेतीचा महत्त्वाचा प्रकार मानला जातो. फळशेती हा बागायती पिकांचाच एक प्रकार आहे. परंतु फळशेतीचा वाढता विस्तार व आधुनिक तंत्रज्ञान पाहता या शेतीचा एक प्रमुख प्रकार तयार झालेला दिसून येतो. फळशेतीचा विकास हा अलीकडच्या काळात झालेला असला तरी प्राचीन काळातसुद्धा काही प्रमाणात नैसर्गिक स्वरूपात फळशेती केली जात होती. मानवाच्या विकासाबरोबरच फळशेतीचाही विकास झालेला दिसून येतो. यामध्ये फळांची बाजारपेठेतील मागणी, वाहतुकीच्या सुविधा, साठवणुकीसाठी शीतकरणाच्या सुविधा व फळ प्रक्रिया उद्योग यांच्यामुळे फळशेतीस महत्त्व प्राप्त होऊन त्याचे व्यापारी स्वरूप निर्माण झाले आहे. सध्याच्या काळात फळशेतीचा प्रसार झाला असून अनेक देश फळांची आयात-निर्यात करताना दिसून येतात.

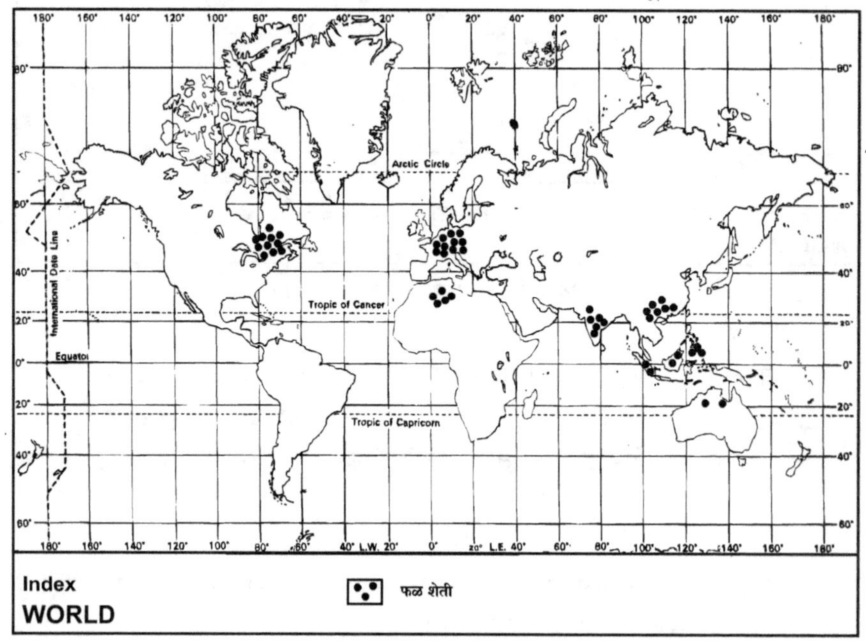

फळशेती - प्रदेश

प्रदेश : फळांचे उत्पादन करणारे अनेक देश असून यामध्ये उष्ण कटिबंधीय प्रदेश, समशीतोष्ण कटिबंधीय प्रदेश व भूमध्य सागरी प्रदेश या तीन प्रदेशांचा समावेश होतो.

(1) उष्ण कटिबंधीय प्रदेश : मलेशिया, फिलिपिन्स, इंडोनेशिया, थायलंड, चीन, तैवान, भारत, पाकिस्तान, इजिप्त, सुदान व वेस्ट इंडीज बेटे इत्यादी.

(2) समशीतोष्ण प्रदेश : संयुक्त संस्थाने, ग्रेट ब्रिटन, कॅनडा, स्विट्झर्लंड, स्पेन, ऑस्ट्रेलिया, जपान, न्यूझीलंड व भारतातील उत्तर भाग इत्यादी.

(3) भूमध्य सागरी प्रदेश : इटली, स्पेन, तुर्कस्तान, फ्रान्स, ऑस्ट्रिया, इस्रायल, कॅलिफोर्निया इत्यादी.

शेतीची पद्धत : फळशेती हा व्यापारी शेतीचा महत्त्वाचा प्रकार आहे. या प्रकारात मृदा व हवामानानुसार फळांची लागवड केली जाते. या प्रकारची शेती ही सखोल पद्धतीची असते.

फळशेतीमध्ये प्रामुख्याने फळांची रोपे तयार केली जातात व ठरावीक अंतराने लावली जातात. झाडांना आवश्यकतेनुसार पाणीपुरवठा केला जातो. काही भागात ठिबक सिंचनाचा वापर केला जातो. तसेच रासायनिक खते व सेंद्रिय खते यांचा भरपूर प्रमाणात वापर केला जातो. तसेच फळशेतीस सर्वांत महत्त्वाचे म्हणजे कीटकांच्या प्रादुर्भावापासून वाचण्यासाठी कीटकनाशकांचा वापर केला जातो. त्याबरोबरच वेगवेगळ्या फळधारणेच्या पद्धती, आच्छादन प्रक्रिया, रासायनिक प्रक्रिया यांचा वापर मोठ्या प्रमाणात केला जातो.

या शेतीतून फळशेतीबरोबर भाजीपाला व फुलांची शेतीही केली जाते. फळशेतीमधील प्रदेशानुसार फळांचे प्रमुख तीन प्रकार पडतात. उष्ण कटिबंधीय फळे समशीतोष्ण कटिबंधीय फळे व भूमध्यसागरी फळे उष्ण कटिबंधीय फळांमध्ये आंबा, केळी, पेरू, फणस, पपई व खजूर इ. फळांचा समावेश होतो. समशीतोष्ण कटिबंधीय फळांमध्ये सफरचंद, पीयर, जर्दाळू व पीच ही फळे येतात तर भूमध्य सागरी फळांमध्ये द्राक्ष, अंजीर, लिंबू, संत्री, मोसंबी या फळांचा समावेश होतो.

फळशेतीबरोबर युरोप, ब्रिटन, डेन्मार्क, जर्मनी, नेदरलँड, फ्रान्स, संयुक्त संस्थाने, इटली, कॅनडा, जपान, चीन, भारत व कोरिया या देशांत भाजीपाला उत्पादन होते. तसेच फुलशेतीचे प्रमाण नेदरलँड, स्वित्झर्लंड, संयुक्त संस्थाने या देशांत मोठ्या प्रमाणात आढळते. या देशातील फुलशेतीमध्ये जरबेरा, आर्किड, लीली, गुलाब, शेवंती, झेंडू, कार्नेशन, मोगरा इ. फुलांचे उत्पादन घेतले जाते.

फुलशेतीमध्ये जगात नेदरलँड हा देश अग्रेसर असून सर्वांत जास्त उत्पादन या देशातून होते म्हणून या देशाला 'फुलांचा देश' म्हणून ओळखले जाते.

वैशिष्ट्ये :

1. फळशेती ही प्रामुख्याने व्यापारी उद्देशाने केली जाते.

2. फळशेतीमध्ये फळांबरोबर फुले व भाजीपाल्याचेही उत्पादन घेतले जाते.

3. या शेतीमध्ये आधुनिक तंत्रज्ञानाच्या वापराबरोबर रासायनिक खते, कीटकनाशक यांचा मोठ्या प्रमाणात वापर केला जातो.

4. या शेतीसाठी मोठ्या प्रमाणात कुशल व अकुशल मजुरांची आवश्यकता असते.

5. या शेतीमध्ये मोठ्या प्रमाणात विविधता आढळून येते.

6. ही शेती जगामध्ये प्रामुख्याने उष्ण कटिबंधीय प्रदेश, समशीतोष्ण कटिबंधीय प्रदेश व भूमध्य सागरी प्रदेश या ठिकाणी घेतली जाते.

7. ही शेती प्रामुख्याने तंत्रज्ञान, वाहतुकीची साधने, साठवणुकीची व्यवस्था, शीतगृहे, व्यापारी ठराव, बांधणीचे साहित्य व बाजारपेठा या घटकांवर अवलंबून असते.

8. या शेतीतील पिकांना किंवा उत्पादनाला मोठ्या प्रमाणात मागणी असल्याने या शेतीचे भवितव्य उज्ज्वल आहे.

9. अमेरिकेतील संयुक्त संस्थानामधील या शेतीची उत्पादने वाहून नेण्यासाठी मोठ्या प्रमाणात ट्रकचा वापर केला जातो. म्हणून या शेतीस अमेरिकेत 'ट्रक शेती' (Truck Farming) असे म्हणतात.

V. दुग्धोत्पादन शेती (Dairy Farming)

पार्श्वभूमी : दुग्धोत्पादन शेती हा प्रकार अलीकडे उदयास आला असला तरी पशुपालनाद्वारे हा व्यवसाय 11000 वर्षांपूर्वीपासून चालत आलेला दिसून येतो. परंतु फक्त दुधासाठी पशूंचे पोषण करणे ही पद्धत इ.स.पूर्व सातव्या शतकापासून सुरु झालेली दिसून येते. दुग्धोत्पादन व्यवसाय किंवा शेतीचा प्रसार हा इ.स.पूर्व 7 व्या शतकापासून सुरू झाला आहे. जगामध्ये अनेक प्रदेशात हा व्यवसाय होताना दिसून येतो. त्यामध्ये पूर्व युरोपियन देशांमध्ये हा व्यवसाय इ.स.पूर्व 6 व्या शतकात सुरु झाला तर उत्तर युरोप व ग्रेट ब्रिटनमध्ये हाच व्यवसाय इ.स.पूर्व चौथ्या शतकात सुरू झाला आहे. तसेच आफ्रिकेमध्ये हा व्यवसाय इ.स.पूर्व पाचव्या शतकात सुरू झाला.

पाठीमागील शंभर वर्षांमध्ये दुग्धोत्पादन व्यवसायाचा मोठा विकास झालेला दिसून येतो. यामध्ये प्रामुख्याने दूध व दुधाबरोबरच चीज, दही, लोणी आणि दूध पावडर यांचे उत्पादन घेतले जाते.

प्रदेश : या प्रकारची शेती किंवा व्यवसाय प्रामुख्याने युरोप, उत्तर संयुक्त संस्थाने, कॅनडा, ऑस्ट्रेलिया, न्यूझीलंड, डेन्मार्क, बेल्जिअम, फिनलँड, फ्रान्स, नेदरलँड, स्वित्झर्लंड या प्रदेशांमध्ये केला जातो.

शेतीची पद्धत : या प्रकारच्या व्यवसायामध्ये प्रामुख्याने दूध उत्पादनासाठी पशुपालन केले जाते. यामध्ये आधुनिक तंत्रज्ञानाचा वापर मोठ्या प्रमाणात होतो. यामध्ये वेगवेगळ्या जातींच्या गाईंचा, शेळ्यांचा, म्हशींचा व मेंढ्यांचा समावेश होतो. पशुपालनाच्या धर्तीवर मोठ्या प्रमाणात आधुनिक गोठ्यांची रचना केली जाते. त्यामध्ये पशूंच्या उत्पत्तीपासून ते पशूंच्या स्वच्छतेपर्यंत सर्व नियोजन करून या प्रकारची शेती किंवा व्यवसाय केला जातो.

वैशिष्ट्ये :

1. या व्यवसायाचा मुख्य उद्देश हा दूध उत्पादन असून त्याबरोबर दुग्धजन्य पदार्थांचेही उत्पादन घेतले जाते.

2. या प्रकारात मोठ्या गोठ्यांची निर्मिती केली जाते.

3. यामध्ये गाईंचा वापर मोठ्या प्रमाणात होतो.

4. पशूंच्या उत्पत्तीपासून ते त्यांच्या स्वच्छतेपर्यंत आधुनिक तंत्रज्ञानाचा उपयोग केला जातो.

5. या शेतीमध्ये डेन्मार्क, नेदरलँड, जपान, कॅनडा व ग्रेट ब्रिटन हे देश अग्रेसर आहेत.

6. या प्रकारच्या पशुपालनात गाईचे दूध मोठ्या प्रमाणात संकलित केले जाते. त्यामध्ये नेदरलँड या देशातील गाय ही एका वर्षांत 4200 कि.ग्रॅम एवढे दूध उत्पादित करते तर डेन्मार्क व जपानमधील एक गाय 4000 कि.ग्रॅम. दूध देते.

7. अनेक देशांच्या सरकारने या व्यवसायाराठी मोठ्या प्रमाणात साहाय्य केलेले दिसून येते.

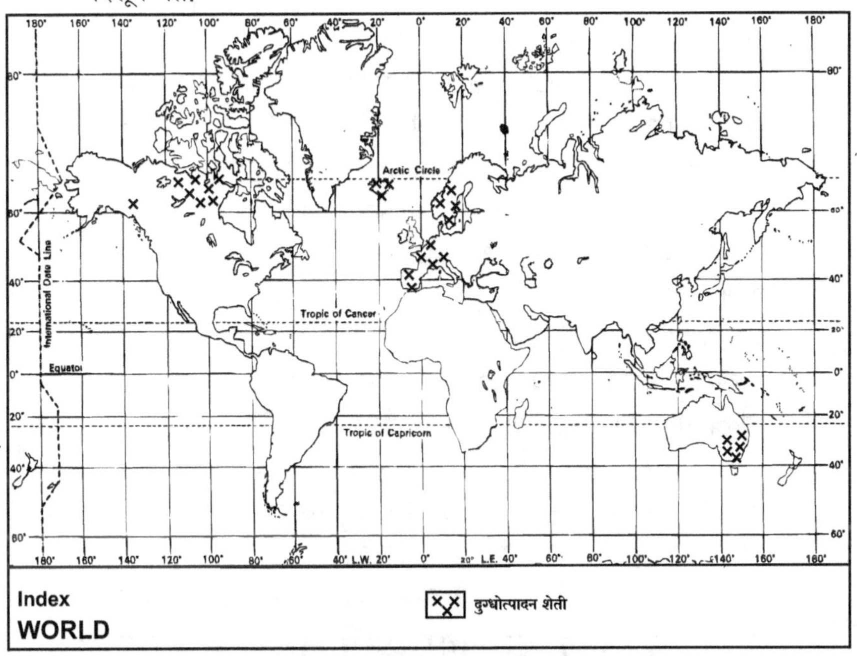

दुग्धोत्पादन शेती – प्रदेश

VI. आधुनिक शेती (Modern Farming)

पार्श्वभूमी : ही शेती अलीकडच्या काळात उदयास आलेली आहे. यामध्ये अत्याधुनिक यंत्रसामग्री, नवीन तंत्रज्ञान, वैज्ञानिक पद्धती, सुधारित, बी-बियाणे, रासायनिक खते, कीटकनाशके, आधुनिक जलव्यवस्थापन पद्धती इत्यादींचा मोठ्या प्रमाणात वापर केला जातो. या शेतीमध्ये प्रामुख्याने व्यापारी दृष्टिकोन ठेवून पिके घेतली जातात. फळे,

फुले, रेशीम, हरितगृह, बागायती पिके या प्रकारच्या पिकांचा किंवा पद्धतींचा आधुनिक शेतीच्या उत्पादनात समावेश होतो.

वैशिष्ट्ये :

1. या शेतीमध्ये सुधारित व उच्च प्रतीच्या बियाणांचा, खतांचा व कीटकनाशकांचा वापर केला जातो.

2. या शेतीमध्ये ट्रॅक्टर, कापणी, भरणी व मळणी यंत्रे, तसे पाण्यासाठी विद्युत पंप व ठिबक सिंचनाचा वापर केला जातो.

3. या शेतीच्या उत्पादन व संशोधनासाठी अनेक देशांत वेगवेगळ्या प्रयोगशाळा व संशोधन केंद्रे निर्माण केली आहेत. उदा., सोलापूर या ठिकाणी डाळिंब संशोधन केंद्र निर्माण केले आहे.

4. या प्रकारच्या शेतीसाठी मोठ्या प्रमाणात भांडवलाची गरज असते. त्यामुळे शासन स्तरावर यासाठी वेगवेगळे अनुदान व कर्ज दिले जाते.

5. या प्रकारच्या शेतीसाठी भूमी व जलसंधारण पद्धत, माती व जलपरीक्षण यांसारख्या आधुनिक चाचण्या घेतल्या जातात.

6. आधुनिक शेतीतील विविध पिकांचे उत्पादन घेण्यासाठी योग्य हवामानाचे नियंत्रण असावे लागते त्यासाठी हरितगृहांची निर्मिती केली जाते.

7. या शेतीमध्ये मोठ्या प्रमाणात कुशल व अकुशल कामगारांची मोठ्या प्रमाणात गरज असते.

8. यामध्ये सुधारित रोपांची निर्मिती करण्यासाठी तसेच वेगवेगळ्या पिकांच्या जाती व बागांची निर्मिती करण्यासाठी जैवतंत्रज्ञानाचा वापर केला जातो.

9. विविध पिकांच्या किंवा रोपांच्या भागापासून वेगवेगळी कलमे व नवीन रोपे तयार करण्याच्या हेतूने ऊतिसंवर्धन ही संकल्पना राबविली जाते.

10. या प्रकारच्या शेतीसाठी वाहतूक साधने, बांधणीच्या सुविधा, साठवणूकगृहे, शीतगृहे, इ. घटकांची सुलभ व्यवस्था केली जाते.

11. या प्रकारच्या शेतीसाठी बाजारपेठांना व व्यापाराला फार मोठे महत्त्व असते.

2.2   जे. एच. व्हॉन थुनेनचा कृषी भूमिउपयोजन सिद्धान्त

(Von Thunen's Theory of Agricultural Land-use)

एखाद्या जमिनीचा किंवा प्रदेशाचा विविध उद्देशाने होणारा वापर म्हणजे 'भूमिउपयोजन' होय. जमीन किंवा भूमी ही एक नैसर्गिक साधनसंपत्ती आहे. भूमिउपयोजनाचे नैसर्गिक भूमिउपयोजन व मानवी भूमिउपयोजन असे प्रमुख दोन प्रकार पडतात. यामध्ये नैसर्गिक भूमिउपयोजनात जमिनीवर अरण्ये, गवताळ भाग, कुरणे, जलाशये (नदी, तळी, सरोवर),

समुद्र व महासागर, पर्वत इ. आढळतात तर मानवी भूमिउपयोजनात जमिनीचा उपयोग शेती, वसाहती, धरणे, कारखाने, कालवे, बागा, वाहतुकीचे मार्ग, विद्युतगृहे, कार्यालये इत्यादींसाठी होतो. अशा प्रकारे जमिनीचा निरनिराळ्या उद्देशाने होणारा वापर यास 'भूमिउपयोजन' असे म्हणतात. तसेच कृषीसाठी होणारा जमिनीचा वापर यास 'कृषी भूमिउपयोजन' असे म्हणतात. कृषी भूमिउपयोजनात निरनिराळ्या पिकांखालील क्षेत्र खरीप व रब्बी पिके व त्यांचे क्षेत्र आणि पीक वारंवारता यांचा समावेश होतो.

कृषी भूमिउपयोजनाच्या दृष्टीने अनेक शास्त्रज्ञांनी अभ्यास केलेला आहे. यामध्ये जे. एच. व्हॉन थुनेन यांचा महत्त्वाचा समावेश होतो. जे. एच. व्हॉन थुनेन यांचा कृषी भूमिउपयोजन सिद्धान्त पुढीलप्रमाणे सांगता येईल.

प्रस्तावना : जर्मन शास्त्रज्ञ जे. एच. व्हॉन थुनेन यांनी 1826 साली सर्वप्रथम कृषी भूमिउपयोजन सिद्धान्त मांडला. त्यांनी बाजारपेठ व त्याच्या सभोवताली असणाऱ्या कृषी भूमिउपयोजन यांचा सहसंबंध स्पष्ट केला आहे. त्यामुळे स्थानीय विश्लेषणाच्या अभ्यासास मोठ्या प्रमाणात सुरुवात झाली.

जे. एच. व्हॉन थुनेन हे जर्मन शास्त्रज्ञ होते. त्यांचा जन्म इ.स. 1783 मध्ये झाला. प्रामुख्याने व्हॉन थुनेन यांचा व्यवसाय शेती हा होता. त्यांनी आपल्या 40 वर्षांच्या प्रदीर्घ अनुभवावर हा सिद्धान्त मांडला आहे. जर्मनीमधील बाल्टिक किनाऱ्यालगतच्या मॅकलेनबर्ग प्रांतातील रोस्टॉक शहराजवळील स्वतःच्या शेतीमध्ये व्हॉन थुनेन यांनी बरेच प्रयोग केले. या प्रयोगांच्या अभ्यासावरून त्यांनी हा सिद्धान्त मांडला आहे.

(1) व्हॉन थुनेनचे मुख्य विचार :

(अ) विशिष्ट पिकांच्या उत्पादनाची तीव्रता बाजारपेठेच्या अंतरानुसार कमी होत जाते.

(ब) बाजारपेठेच्या अंतरानुसार भूमिउपयोजनाची विविधता आढळते.

(2) सिद्धान्ताची गृहीतके :

(अ) हा एक एकाकी प्रदेश असून त्याच्या मध्यवर्ती शहर किंवा बाजारपेठ आहे व या शहराच्या किंवा बाजारपेठेच्या सभोवताली कृषिक्षेत्र आहे.

(ब) या प्रदेशातील असलेल्या बाजारपेठेमध्ये कृषीचे अतिरिक्त उत्पादन आणले जाते.

(क) या बाजारपेठेच्या पार्श्वभूमीतील उत्पादने इतर कोणत्याही बाजारपेठेत पाठविली जात नाहीत.

(ड) सभोवतालची पार्श्वभूमी एकसारखी असून या ठिकाणच्या समशीतोष्ण वातावरणामुळे पशुपालनास परिस्थिती अनुकूल आहे.

(इ) या भागातील शेतकरी अधिक नफा मिळविण्याच्या हेतूने शेतीमध्ये बदल करतात व बाजारपेठेच्या मागणीनुसार पिकांचे उत्पादन घेतात.

(ई) बाजारपेठेपर्यंत जाण्यासाठी किंवा शहरांच्या आसपास वाहतुकींच्या मार्गांची कमतरता असून घोडागाडी हेच एकमेव साधन आहे.

(उ) वाहतुकीचा खर्च अंतराशी संबंधित असून तो शेतकऱ्यांना करावा लागतो.

(3) सिद्धान्तातील मूळ संकल्पना ः जे. एच. व्हॉन थुनेन यांनी 19 व्या शतकाच्या सुरुवातीस हा सिद्धान्त मांडला असून त्या काळात वाहतुकीची सुविधा प्रगत नव्हती. 'घोडागाडी' हे वाहतुकीचे महत्त्वाचे साधन होते. तसेच लाकूड हे प्रमुख ऊर्जास्रोत होते. कृषी भूमिउपयोजन सिद्धान्तामध्ये पुढील संकल्पनांचा वापर केला आहे.

(अ) आर्थिक खंड ः कृषीमध्ये केलेली गुंतवणूक व मिळणारे उत्पादन यांच्या गुणोत्तरास 'आर्थिक खंड' असे म्हणतात. थोडक्यात, कृषीपासून मिळणारा नफा किंवा मोबदला म्हणजे आर्थिक खंड होय. कृषी भूमिउपयोजनावर नियंत्रण ठेवणारा सर्वांत महत्त्वाचा घटक आहे. आर्थिक खंडावर पुढील दोन घटकांचा परिणाम होतो.

(i) वाहतुकीचा खर्च/बाजारपेठेपासूनचे अंतर ः आर्थिक खंड हा वाहतुकीच्या खर्चावर म्हणजेच बाजारपेठेपासूनच्या अंतरावर अवलंबून असतो. बाजारपेठेपासून जसजसे अंतर वाढत जाते तसतसा मिळणारा नफा किंवा आर्थिक खंड कमी होत जातो. बाजारपेठेजवळ आर्थिक खंड सर्वाधिक असतो. खालील आकृतीवरून हे अधिक स्पष्ट होते.

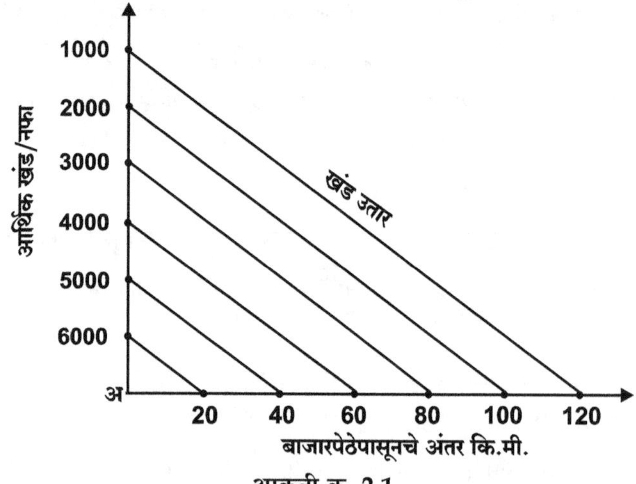

आकृती क्र. 2.1

वरील आकृतीमध्ये 'अ' या ठिकाणी बाजारपेठ आहे. उभ्या अक्षावर दरहेक्टरी मिळणारा आर्थिक खंड दर्शविला आहे. तर आडव्या अक्षावर बाजारपेठेपासूनचे अंतर दर्शविले आहे. 'अ' या ठिकाणी मिळणारा आर्थिक खंड हा दरहेक्टरी ₹ 7000 इतका आहे. तर 20 कि.मी. अंतरावर तो ₹ 6000, 40 कि.मी. अंतरावर ₹ 5000, 60 कि.मी. अंतरावर ₹ 4000, 80 कि.मी. अंतरावर ₹ 3000, 100 कि.मी. अंतरावर ₹ 2000 व 120 कि.मी. अंतरावर ₹ 1000 याप्रमाणे जसे अंतर वाढत जाते तसा मिळणारा मोबदला कमी मिळतो.

(ii) पदार्थांचा नाशवंतपणा : आर्थिक खंडावर परिणाम करणारा हा दुसरा महत्त्वाचा घटक आहे. नाशवंत पदार्थांचे उत्पादन बाजारपेठेच्या सान्निध्यात घेणे आवश्यक असते. उदा., दूध, भाजीपाला, फळे, अंडी इ. बाजारपेठेपासून दूर अंतरावर असणाऱ्या ठिकाणी या पदार्थांचे उत्पादन घेतल्यास ते आर्थिक दृष्टीने फायदेशीर ठरत नाही. बाजारपेठेपासून जसे अंतर वाढत जाते तसा मिळणारा मोबदला/आर्थिक खंड कमी होत जातो. म्हणून बाजारपेठेच्या सान्निध्यात शेती अधिक फायद्याची ठरते.

आर्थिक खंड या संकल्पनेसाठी अनेक शास्त्रज्ञांनी विविध पद्धतीने अभ्यास केला. तसेच व्हॉन थुनेन यांनीही अभ्यास केला व खालील सूत्राचा वापर करून आर्थिक खंड अधिक स्पष्ट केलेला दिसून येतो.

$P = V - (E + T)$

P = (Profit) आर्थिक खंड/मोबदला/नफा

V = (Value of Agriculture Production in Market) कृषी मालाची बाजारपेठेतील किंमत

E = (Production Cost/Expenditure) उत्पादन खर्च

T = (Transport Cost) वाहतूक खर्च

शेतकऱ्यांची पीक निवडीची अपेक्षा व विविधता बाजारपेठांच्या अंतरानुसार बदलत जाते हे पुढील तक्त्यावरून अधिक स्पष्ट होईल.

बाजार-पेठेपासूनचे अंतर (कि.मी.)	लाकूड उत्पादन (प्रति टन) (रुपयांमध्ये)				अन्नधान्य उत्पादन (प्रतिक्विंटल) (रुपयांमध्ये)			
	बाजार-पेठेतील किंमत	उत्पादन खर्च	वाहतूक खर्च	नफा	बाजार-पेठेतील किंमत	उत्पादन खर्च	वाहतूक खर्च	नफा
	(V)	(E)	(T)	(P)	(V)	(E)	(T)	(P)
0.5	2000	1200	100	700	1000	500	50	450
1.0	2000	1200	200	600	1000	500	100	400
1.5	2000	1200	300	500	1000	500	150	350
2.0	2000	1200	400	400	1000	500	200	300
2.5	2000	1200	500	300	1000	500	250	250
3.0	2000	1200	600	200	1000	500	300	200
3.5	2000	1200	700	100	1000	500	350	150
4.0	2000	1200	800	00	1000	500	400	100
4.5	2000	1200	900	–100	1000	500	450	50
5.0	2000	1200	1000	–200	1000	500	500	00

वरील तक्त्यामध्ये नफा हा बाजारपेठेच्या वाढत्या अंतरापर्यंत कसा घटत जातो हे दाखविले आहे. यासाठी बाजारपेठतील किंमत (V), उत्पादन खर्च (E), वाहतूक खर्च (T) व नफा (P) यांची काल्पनिक मूल्ये गृहीत धरली आहेत. बाजारपेठेजवळ लाकूड उत्पादनाचा नफा हा अन्नधान्य उत्पादनापेक्षा जास्त आहे. मात्र लाकूड वाहतुकीचा खर्च अन्नधान्य वाहतुकीपेक्षा जास्त असल्याने शेतकरी लाकडाचे उत्पादन बाजारपेठेपासून जास्तीत जास्त 3.5 कि.मी. पर्यंत करू शकतो. तेथून पुढे वाहतूक खर्च वाढल्याने लाकूड उत्पादन करणे तोट्याचे ठरते. तसेच अन्नधान्य शेती ही 4.5 कि.मी. पर्यंत नफ्याची ठरू शकते. त्यानंतर वाहतूक खर्च वाढल्याने तोटा निर्माण होऊ शकतो. यावरून असे लक्षात येते की, शेतकऱ्यांचे पिकांचे व नफ्याचे विकल्प बाजारपेठेच्या अंतरानुसार कमी होत जातात. वरील तक्त्याच्या आधारे प्रत्येक शेतीच्या प्रकाराचे बाहेरील अंतर हे कमी-कमी होणाऱ्या नफ्यावरून निश्चित केले जाते. हे प्रामुख्याने वाहतूक खर्चावर अवलंबून असते. तसेच अंतर्गत अंतर हे उत्पादनावरील नफ्यावरून निश्चित केले जाते.

(4) कृषी भूमिउपयोजन विभाग : व्हॉन थुनेनच्या मतानुसार बाजारपेठेभोवती किंवा शहराभोवती शेतीचे खालीलप्रमाणे सहा विभाग विकसित होऊ शकतात.

(अ) बागशेती व दूध उत्पादन : हा विभाग नाशवंत मालाचा विभाग म्हणून ओळखला जातो. या विभागात भाजीपाला, फळे, दूध, अंडी इत्यादींचे उत्पादन घेतले जाते. या वस्तू अल्पकाळ टिकणाऱ्या असतात. यामुळे याचे उत्पादन बाजारपेठेजवळच घेतले जाते.

या भागातील मंद वाहतूक व शीतकरणाचा अभाव यांमुळे या प्रकारची उत्पादने आतील भागात केंद्रित होतात. या विभागाचा विस्तार शहरांच्या दूध, भाजीपाला व अंडी यांच्या मागणीवर अवलंबून असतो. यापासून शेतकऱ्यास अधिक नफा मिळतो.

(ब) इंधन लाकूड उत्पादन : या विभागात जळाऊ लाकडाचे उत्पादन मोठ्या प्रमाणात घेतले जाते. या विभागास जळाऊ लाकडाला इंधन म्हणून अधिक मागणी असते. व्हॉन थुनेनच्या काळात इमारतीसाठी लागणाऱ्या लाकडापेक्षा जळाऊ इंधन लाकडाची मागणी अधिक होती. या विभागात शेतकऱ्यांना इतर पिकांच्या उत्पादनापेक्षा लाकडाचे उत्पादन करणे योग्य ठरते. लाकडाच्या वाहतुकीचा खर्च जास्त असतो. यामुळे बाजारपेठेपासून दूर अंतरावर जाताना आर्थिक खंड कमी होत जातो. यामुळेच बाजारपेठेजवळ लाकडाचे उत्पादन केले जाते.

(क) पिकांची सखोल शेती : कमी क्षेत्रातून जास्तीत जास्त उत्पादन घेण्याच्या हेतूने जी शेती केली जाते त्यास 'सखोल शेती' असे म्हणतात. हा विभाग पूर्णतः सखोल शेतीचा आहे. येथे जमीन पडीक न ठेवता मोठ्या प्रमाणात पिकांचे उत्पादन घेतले जाते. अन्नधान्याचा वाहतुकीचा खर्च कमी येत असल्याने शेतकऱ्यांना अधिक नफा मिळतो. त्यामुळे या विभागात मोठ्या प्रमाणात सखोल शेती केली जाते.

(ड) पिकांची शेती व पडीक कुरणे : या विभागात 3 नंबरच्या विभागापेक्षा पिकांची सखोलता कमी होत जाते. यामध्ये अन्नधान्य पिकांच्या खाली कमी क्षेत्र असते व पिकांबरोबर गवताळ कुरणाचे किंवा पशूंच्या चाऱ्याचे उत्पादन घेतले जाते. तसेच काही क्षेत्र पडीक स्वरूपाचे असते.

(इ) त्रिस्तरीय शेती पद्धत : या विभागात तीन प्रकारच्या पद्धतीची शेती केली जाते. यामध्ये अन्नधान्य पिके, कुरणे व पडीक क्षेत्र यांचा समावेश होतो. या पद्धतीमध्ये प्रत्येकी 1/3 भाग वापरला जातो. या विभागात उत्पादन कमी असून शेतीचा सखोलपणा व नफा देखील कमी असतो.

(ई) पशुपालन शेती : हा विभाग बाजारपेठेपासून दूर असल्याने येथे पिकांचे उत्पादन घेतले जात नाही. येथे चराऊ कुरणे वाढवून मोठ्या प्रमाणात पशुपालन केले जाते. या विभागातील पशूंना बाजारपेठेपर्यंत चालवित ने–आण केली जाते त्यामुळे वाहतुकीचा खर्च येत नाही. त्यामुळे पशुपालन व्यवसाय फायद्याचा ठरतो. तसेच दूध, लोणी, तूप व दुग्धजन्य पदार्थांच्या वाहतुकीचा खर्च कमी येतो.

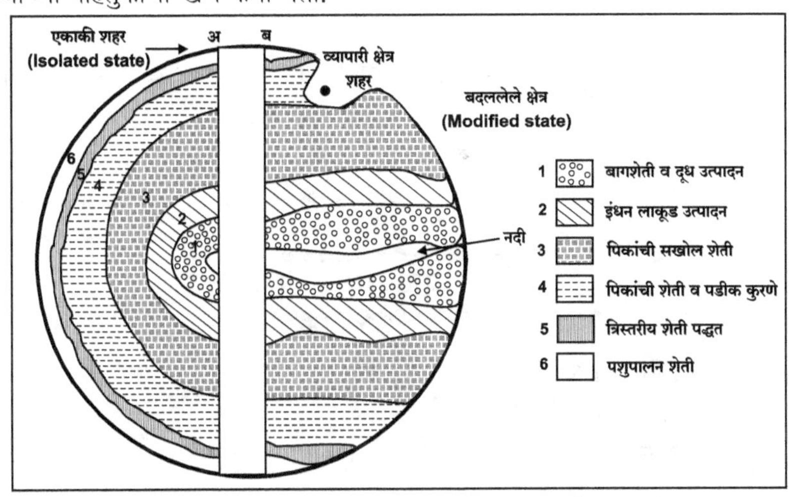

आकृती क्र. 2.2 : व्हॉन थुनेनचा भूमिउपयोजन सिद्धान्त

(5) सुधारित सिद्धान्त : जे. एच. व्हॉन थुनेन यांच्या सिद्धान्तामध्ये कसा बदल करता येईल किंवा झाला असेल हे आकृतीमधील 'ब' विभागावरून लक्षात येते. नदीमुळे स्वस्त वाहतूक उपलब्ध होते. तसेच नदीच्या प्रवाहाबरोबर कृषीचे विभाग बदलत जातात. अनेक लहान-मोठ्या शहरांची निर्मिती होऊन बाजारपेठा स्थापन होतात. तसेच लहान व मोठ्या बाजारपेठा योग्य प्रमाणात सेवा देतात.

(6) टीकात्मक परीक्षण (गुण-दोष) :

(अ) गुण :

(i) व्हॉन थुनेनने मांडलेला सिद्धान्त त्या काळात मोठ्या प्रमाणात शास्त्रज्ञांनी अभ्यासला आहे. त्यामुळे हा सिद्धान्त बरोबर वाटतो.

(ii) शहराजवळ नाशवंत मालाचे उत्पादन होते हे बरोबर आहे.

(iii) अंतराच्या आधारावर वाहतूक खर्च वाढतो हे या सिद्धान्तावरून लक्षात येते.

(iv) बाजारपेठेपासून दूर धान्य व इतर पिकांचे उत्पादन होते हे या सिद्धान्तावरून स्पष्ट होते.

(v) या सिद्धान्तांद्वारे कृषिक्षेत्र व बाजारपेठा यांचे सहसंबंध लक्षात येतात.

(ब) दोष/आक्षेप :

(i) व्हॉन थुनेन यांनी मांडलेली गृहीतके ही वास्तवाशी निगडित आढळत नाहीत.

(ii) शेती विभागाच्या प्रकारामध्ये सीमा निश्चित केलेल्या दिसून येत नाहीत.

(iii) अलीकडच्या काळात वेगवान वाहतूक व वाहतुकीची साधने यांमुळे कोणत्याही प्रकारचा माल त्वरित बाजारपेठेपर्यंत पाठविता येतो. तसेच शीतकरण सुविधेमुळे नाशवंत माल जास्त काळ ठेवता येतो.

(iv) व्हॉन थुनेनने वाहतुकीमध्ये फक्त अंतराचा विचार केलेला दिसतो. वजनाचा विचार केलेला नाही.

(v) लाकूड हे घरगुती इंधन म्हणून कालबाह्य झाले आहे. त्याऐवजी नैसर्गिक वायू, पेट्रोलिअम, सौर ऊर्जा, विद्युत ऊर्जा यांचा वापर केला जातो.

(vi) कोणतेही कृषिक्षेत्र एका बाजारपेठेवर अवलंबून नसते.

(vii) स्व-अनुभवावरून आधारलेला हा सिद्धान्त सर्वांसाठी व सर्वत्र लागू होत नाही.

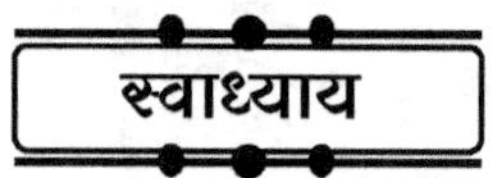

❂ **योग्य पर्याय निवडून खालील विधाने पूर्ण करा.**

1. .... ही शेती जंगलास शाप ठरते.

    (अ) स्थलांतरित   (ब) विस्तृत

    (क) उदरनिर्वाहाची   (ड) व्यापारी

2. .... हे बागायती पीक नाही.

    (अ) ऊस   (ब) चहा

    (क) हरभरा   (ड) रबर

3. गव्हाचे कोठार .... या प्रदेशास असे म्हणतात.

    (अ) युक्रेन   (ब) पंपास

    (क) प्रेअरी   (ड) थर

4. .... हा कृषीचा प्रकार नाही.

    (अ) सखोल शेती   (ब) विस्तृत शेती

    (क) बेकरी शेती   (ड) उदरनिर्वाहाची शेती

5. .... हे प्रदेश पशुपालनासाठी प्रसिद्ध आहेत.

   (अ) युक्रेन व स्टेपी   (ब) पॅन्टागोनिया व टेटा डेलफिगो

   (क) भारत व चीन   (ड) कॅनडाचा मैदानी प्रदेश

6. राजस्थानमध्ये स्थलांतरित शेतीस .... असे म्हणतात.

   (अ) कुमरी   (ब) वालरा

   (क) झुमिंग   (ड) रे

7. 'मिल्पा' स्थलांतरित शेती .... येथे होते.

   (अ) मेक्सिको   (ब) दक्षिण अमेरिका

   (क) मध्य आफ्रिका   (ड) वरील सर्व.

8. .... देशात फळशेतीस 'ट्रक शेती' असे म्हणतात.

   (अ) भारत   (ब) चीन

   (क) यु.एस.ए.   (ड) ब्राझील

9. थुनेन यांनी कृषी भूमिउपयोजन सिद्धान्त .... साली मांडला.

   (अ) 1928   (ब) 1826

   (क) 1828   (ड) 1734

10. बाजारपेठेपासून जसजसे दूर जावे तसे आर्थिक खंड .... होतो.

    (अ) कमी होतो.   (ब) जास्त होतो.

    (क) मध्यम होतो.   (ड) स्थिर राहतो.

11. जे. एच. व्हॉन थुनेन यांच्या कृषी विभागामध्ये बाजारपेठेच्या सर्वांत जवळ .... विभाग येतो.

    (अ) बागशेती व दूध उत्पादन   (ब) लाकूड उत्पादन

    (क) पशुपालन   (ड) सखोल शेती

☯ टीपा लिहा.

1. व्हॉन थुनेनचे कृषी विभाग   2. व्यापारी शेती

3. उदरनिर्वाहाची शेती   4. बागायती शेती

5. भटके पशुपालन   6. फळशेती

7. सखोल खाद्य शेती   8. कुरणांचे पशुपालन

9. स्थलांतरित शेती   10. आर्थिक खंड.

☯ दीर्घोत्तरी प्रश्न

1. कृषीच्या पद्धती सांगून कोणत्याही दोन पद्धतींचे विवेचन करा.

2. कृषीच्या पद्धती स्पष्ट करा.

3. शेतीचे प्रकार सांगा.

4. जे. एच. व्हॉन थुनेन यांचा कृषी भूमिउपयोजन सिद्धान्त स्पष्ट करा.

★★★

कृषी : प्रादेशिकरण, समस्या व आधुनिक संकल्पना

(Regionalization, Problems and Modern Concepts in Agriculture)

3.1 **कृषी प्रादेशिकरणाच्या पद्धती**

    3.1.1   पीक संयोग/पीक संगती/पिकांचे साहचर्य

    3.1.2   पीक विविधता/वैविध्यीकरण

3.2 **कृषीच्या/शेतीच्या समस्या**

3.3 **शाश्वत कृषी**

या प्रकरणामध्ये आपण कृषी प्रादेशिकरणाच्या पद्धती (पीक संगती व पीक विविधता), कृषीच्या समस्या आणि शाश्वत कृषी यांची माहिती घेणार आहोत.

3.1 कृषी प्रादेशिकरणाच्या पद्धती

(Methods of Agriculture Regionalization)

प्रदेश (Region)

प्रदेश ही एक व्यापक संकल्पना आहे. कोणत्याही प्रकारच्या घटकांचे विश्लेषण किंवा तुलनात्मक अभ्यास करण्यासाठी प्रदेशाचे मोठ्या प्रमाणात साहाय्य होते. भूगोलामध्ये 'प्रदेश' या शब्दाचा वारंवार व सर्व शाखांमध्ये उपयोग केला जातो. प्रदेश ही गतिमान संकल्पना आहे. 19 व्या शतकाच्या सुरुवातीपासूनच भूगोलामध्ये प्रदेशाची विचारप्रणाली आणि त्याच्या अध्ययनास महत्त्वपूर्ण स्थान असलेले दिसून येते. 1650 साली जर्मन भूगोलशास्त्रज्ञ 'बर्नहार्ड व्हेरेनिअस' यांनी 'प्रादेशिक भूगोल' ही संकल्पना उदयास आणली व त्याचा अभ्यास केला. प्रदेशाच्या अभ्यासामध्ये व्हिदाल-डी-ला-ब्लाश, हर्बर्टसन, दि-मॉंजियाँ, हेटनर, सॉयर, बोमेन व स्टेनबेरी यांचे योगदान महत्त्वाचे ठरते. प्रदेशाच्या काही व्याख्या खालीलप्रमाणे सांगता येतील.

* ''पृथ्वीच्या पृष्ठभागावरील कोणताही भाग जेथे भौतिक स्वरूपात समरूपता आढळते त्यास प्रदेश असे म्हणतात.''

* ''विविध वैशिष्ट्ये समरूप असून इतर भागापेक्षा वेगळा असणारा घटक किंवा भाग म्हणजे प्रदेश होय.''

* ''पृथ्वीच्या पृष्ठभागाचे एकक क्षेत्र की, जे आपल्या विशिष्ट लक्षणांच्या कारणामुळे आपल्या समीपवर्ती अन्य एककापासून भिन्न स्वरूपाचे असते, त्याला प्रदेश असे म्हणतात.''

कृषी प्रदेश (Agriculture Regions)

प्रदेश अनेक प्रकारचे असू शकतात. त्यापैकी एक म्हणजे कृषी प्रदेश होय. 20 व्या शतकाच्या सुरुवातीला जगाचा कृषी प्रदेश निश्चित करण्याच्या दृष्टीने प्रयत्न सुरू झाले. त्यासाठी प्रथम प्रादेशिकरण करण्याचे काही निकष, रूढी-पद्धती तसेच तंत्र विकसित झाले. कृषी विभागाच्या सीमा निश्चित करण्यासाठी याचा उपयोग होऊ लागला. या प्रकारे कृषी प्रदेश निश्चित करण्यासाठी वापरल्या जाणाऱ्या पद्धतींना व तंत्राला कृषी प्रादेशिकरण पद्धती असे संबोधले गेले. अमेरिकन कृषी शास्त्रज्ञ डी.व्हीटलसे यांनी 1936 साली कृषीचे विभाग पाडले. डी.व्हीटलसे यांनी पाडलेले विभाग महत्त्वाचे व योग्य मानले जातात कारण त्यांचे कृषी विभाग हे प्रचलित असलेल्या कृषीच्या क्रियेवर आधारलेले आहेत. यात शेतीमध्ये वापरले जाणारे साहित्य, पशुपालन, शेतीच्या पद्धती, मजूर, भांडवल पुरवठा व पद्धती, उत्पादित होणारा कृषिमाल व विक्रीच्या पद्धती इत्यादी घटकांचा आधार घेतलेला दिसून येतो.

खऱ्या अर्थाने कृषी प्रादेशिकरणाच्या पद्धतीमध्ये शेतीत घेतली जाणारी पिके व पशुपालन हे दोन घटक प्राथमिक घटक म्हणून विचारात घेतले जातात. त्यानंतर कृषी उत्पादकता, व्यापारीकरण, यांत्रिकीकरण, निर्वाहाच्या पद्धती इत्यादी घटक विचारात घेतले जातात. याआधारे कृषी प्रदेश सीमा निश्चित केल्या जातात. यामध्ये शेतीतील गुणात्मक व संख्यात्मक माहितीचे संकलन करून त्यांचे विश्लेषण केले जाते.

कृषी प्रादेशिकरणाच्या पद्धती खालीलप्रमाणे आढळतात.

1. पीक संयोग (Crop Combination) :
2. पीक विविधता/वैविधीकरण (Crop Diversification)
3. पीक केंद्रीकरण (Crop Concentration)
4. कृषी उत्पादकता (Agriculture Productivity)
5. पीक नमुने (Crop pattern)
6. पीक बदल/फेरफार (Crop Rotation)

या ठिकाणी आपण फक्त पीक संयोग व पीक विविधता या पद्धतींचीच माहिती घेणार आहोत.

3.1.1 पीक संयोग/पीक संगती/पिकांचे साहचर्य

(Crop Combination)

पीक संयोग पद्धती एक महत्त्वाची कृषी विभागाच्या सीमा निश्चित करणारी पद्धत आहे. यामध्ये गुणात्मक व संख्यात्मक घटकांचा अभ्यास केला जातो. या पद्धतीत 'पीक संगती' व 'पिकांचे साहचर्य' या नावानेही ओळखले जाते. एखाद्या प्रदेशात अनेक पिके ही एकाबरोबर वाढत असतात. त्यास पीक संगती असे म्हणतात.

कोणत्याही कृषी प्रदेशात पिके ही संयोगाने घेतली जातात. फार थोड्या ठिकाणी एकच पीक घेतले जाते. या पीकयुक्त विश्लेषणाच्या नकाशाची गरज ही भूगोल अभ्यासकांना असते. त्यामुळे या पद्धतीद्वारे एखाद्या प्रदेशाच्या विविध पिकांच्या विश्लेषणाची माहिती मिळते.

उदा., अमेरिकेमध्ये मका विभाग हा महत्त्वाचा पीक विभाग म्हणून ओळखला जातो. परंतु या विभागात इतर पिकांचेही उत्पादन घेतले जाते तसेच भारतामध्ये भात किंवा गहू उत्पादक विभाग हा महत्त्वाचा पीक विभाग आढळतो. परंतु या विभागात हरभरा, मसूर, ज्वारी, मोहरी, बाजरी इत्यादी पिकांचेही उत्पादन घेतले जाते. म्हणून शेतीची संपूर्ण व स्पष्ट माहिती मिळविण्यासाठी व शेतीचे नियोजन व विकास करण्यासाठी या पद्धतीचा म्हणजेच 'पीक संयोग' पद्धतीचा मोठ्या प्रमाणात वापर केला जातो.

पीक संयोग पद्धती खालील दोन प्रकारे सांगितलेली आहे.

(1) प्राथमिक पद्धत (Primary Method) : या पद्धतीमध्ये पिकांचे उतरत्या क्रमांकाने क्षेत्र ग्राह्य धरले जाते. ही पद्धत पारंपरिक पद्धत म्हणून ओळखली जाते. यामध्ये एक पीक संगती, दोन पीक संगती, तीन पीक संगती अशा प्रकारे पिकांचे क्षेत्र लक्षात घेऊन पीक संयोगाद्वारे कृषी प्रदेशाच्या सीमा निश्चित केल्या जातात. खालील तक्त्याद्वारे या पद्धतीचे विश्लेषण अधिक स्पष्ट होईल.

पीक संगती	पिकाखालील क्षेत्र	प्रत्येक पिकाखालील शेकडा प्रमाण
एक पीक संगती (Monoculture)	एका पिकाखाली	100
दोन पीक संगती	प्रत्येक पिकाखाली	50
तीन पीक संगती	प्रत्येक पिकाखाली	33.33
चार पीक संगती	प्रत्येक पिकाखाली	25
पाच पीक संगती	प्रत्येक पिकाखाली	20
सहा पीक संगती	प्रत्येक पिकाखाली	16.66
सात पीक संगती	प्रत्येक पिकाखाली	14.28
आठ पीक संगती	प्रत्येक पिकाखाली	12.50
नऊ पीक संगती	प्रत्येक पिकाखाली	11.11
दहा पीक संगती	प्रत्येक पिकासाठी	10

सांख्यिकीय पद्धती

या पद्धतीचा वापर हा महत्त्वाचा व योग्य असलेला दिसून येतो. सांख्यिकीय पद्धती ही पीक संगतीमधील अलीकडच्या काळातील अत्यंत महत्त्वाची पद्धती मानली जाते. यामध्ये अमेरिकन शास्त्रज्ञ जे.सी. व्हीवर यांनी 1954 मध्ये प्रथम पीक संगती मांडली. त्यानंतर डोई, जॉन्सन, पॉवेल, नेल्सन, थॉम्सन, रफ्फुल्ल्हा यांनी सांख्यिकीय पद्धतीने पीक संगतीचे विश्लेषण मांडले.

(1) जे.सी. व्हीवर यांची पीक संगती पद्धती (J.C Weavor Method) :

जे.सी. व्हीवर या अमेरिकन शास्त्रज्ञाने 1954 साली प्रथम कृषी प्रदेश सीमा निश्चित करण्यासाठी पीक संगती पद्धत मांडली. त्यांनी आपल्या अभ्यासासाठी पश्चिम मध्यवर्ती प्रदेशातील काऊंटी क्षेत्र निवडले. या प्रदेशातील त्यांनी एकूण लागवडीखालील क्षेत्र व प्रत्येक पिकांचा वाटा किती आहे याचा अभ्यास केला. या निरीक्षण मूल्यांची तुलना त्यांनी सैद्धान्तिक मूल्याशी केली. निरीक्षण मूल्यांची उतरत्या क्रमाने मांडणी करून तक्ता तयार केला व त्यातून त्यांना पीक संगती समजली.

\multicolumn{3}{व्हीवर यांचा सैद्धान्तिक (अपेक्षित) क्षेत्र तक्ता/पारंपरिक पीक संगती तक्ता}
क्र.	पीक संगती	क्षेत्र (शेकडा प्रमाण)
1.	पीक संगती	100
2.	पीक संगती	50
3.	पीक संगती	33.33
4.	पीक संगती	25
5.	पीक संगती	20
6.	पीक संगती	16.66
7.	पीक संगती	14.28
8.	पीक संगती	12.50
9.	पीक संगती	11.11
10.	पीक संगती	10

पिकाखालील क्षेत्र 100% मानल्यास पीक संगतीनुसार त्यातील प्रत्येकाचे अपेक्षित क्षेत्र वरीलप्रमाणे असेल उदा., एखाद्या प्रदेशात चार पिके घेतली जात असतील तर प्रत्येक पिकाखालील क्षेत्र हे 25% असले पाहिजे प्रत्यक्षात मात्र चार पिके असतील पण त्यांचे शेकडा प्रमाण वेगवेगळे असेल. जे.सी. व्हीवर यांनी अपेक्षित (सैद्धान्तिक) व निरीक्षित मूल्यातील फरक काढला. परंतु या निव्वळ फरकापेक्षा सापेक्ष फरक महत्त्वाचा असल्याने त्यांनी संख्याशास्त्राच्या मदतीने विचलन या परिमाणाचा उपयोग करून सूत्र मांडले. व्हीवर यांनी मांडलेल्या पद्धतीस कमीत कमी विचलन पद्धत असे म्हणतात.

सूत्र : $S.D. = \dfrac{\Sigma d^2}{n}$

d = अपेक्षित व निरीक्षण मूल्यातील फरक

n = पिकांची संख्या

जे.सी. व्हीवर यांनी सूत्रामध्ये बदल केला व खालीलप्रमाणे नवीन सूत्र तयार केले.

$$D = \dfrac{\Sigma d^2}{n}$$

$$d = \text{अपेक्षित व निरीक्षण मूल्यातील फरक}$$

$$n = \text{पिकांची संख्या}$$

जे.सी. व्हीवर यांनी या सूत्राचा वापर करून काऊंटीमधील पीक संगतीचे विश्लेषण केलेले आढळते. व्हीवर यांनी 1949 या वर्षीच्या पिकांचे प्रतिशत प्रमाण काढले.

मका	ओट्स	गवत	सोयाबीन	गहू
54%	24%	13%	5%	2%

वरील कांऊटी क्षेत्रातील निरीक्षित टक्केवारी व अपेक्षित टक्केवारी यांच्यामधील फरक काढून सूत्राचा उपयोग केला व हे विश्लेषण खालील तक्त्याच्या आधारे सादर केले.

		निरीक्षित क्षेत्र (%)	अपेक्षित क्षेत्र (%)	फरक (d)	फरक वर्ग (d²)	एकूण फरक वर्ग (Σd)²	$\dfrac{\Sigma d^2}{n}$
1 पीक	मका	54	100	46	2116	2116	2116
2 पिके	मका	54	50	– 4	16		
	ओट्स	24	50	26	676	692	346
	मका	54	33.33	20.7	427		
3 पिके	ओट्स	24	33.33	9.33	87	927	309
	गवत	13	33.33	20.33	413		
	मका	54	25	29	841		
4 पिके	ओट्स	24	25	–1	1		
	गवत	13	25	– 12	144	1386	347
	सोयाबीन	5	25	–20	400		
	मका	54	20	34	1156		
	ओट्स	24	20	4	16		
5 पिके	गवत	13	20	–7	49	1770	354
	सोयाबीन	5	20	–15	225		
	गहू	2	20	–18	324		

वरील तक्त्यानुसार अपेक्षित व निरीक्षित मूल्यातील किमान विचलन हे 309 इतके आहे. म्हणजेच तीन पीक संगती ही या काऊंटी प्रदेशासाठी अधिक उपयोगी आहे. जे.सी. व्हीवर यांनी काऊंटी प्रदेशाच्या पीक संगतीचे नकाशे तयार केले. अशा प्रकारे जे.सी. व्हीवर यांनी कृषी प्रादेशिकरणाची पीक संगती पद्धत जगासमोर मांडली.

(2) डोई यांची पीक संगती पद्धत (Doi's Method) : कृषी शास्त्रज्ञ डोई यांनी जे.सी.व्हीवर यांनी मांडलेल्या पद्धतीमध्ये बदल केला व 1959 साली सुधारित पद्धत विकसित केली. या पद्धतीस सुधारित कमीत कमी विचलन पद्धत असे म्हणतात. डोईने मांडलेली पद्धत ही प्रामुख्याने महत्त्वाची ठरते कारण या पद्धतीचा वापर हा संगणकाद्वारे करता येतो. या पद्धतीमध्ये डोई यांनी पिकांनी भागायची पद्धतही कमी केली व खालीलप्रमाणे सूत्र मांडले.

सूत्र : $D = \Sigma d^2$

d = अपेक्षित व निरीक्षण मूल्यातील फरक

उदा., अलिगढ जिल्ह्यातील पिकांखालील क्षेत्र

पिके	पिकाखालील क्षेत्र (%)
गहू	74
तूर	66
भात	30
ज्वारी	26
डाळी	15

1. पीक संगतीसाठी :

$$D = \Sigma d^2$$
$$= (100 - 74)^2 = (26)^2$$
$$= (26)^2$$
$$= 676$$

2. पीक संगतीसाठी :

$$D = \Sigma d^2$$
$$= (50 - 74) + (50 - 66)$$
$$= (-24)^2 + (-16)^2$$
$$= 576 + 256$$
$$= 832$$

3. पीक संगतीसाठी :

$$D = \Sigma d^2$$
$$= (33.33 - 74)^2 + (33.33 - 66)^2 + (33.33 - 30)^2$$
$$= (-40.67)^2 + (-32.67)^2 + (3.33)^2$$
$$= 1654 + 1067 + 11$$
$$= 2732$$

4 पीक संगतीसाठी :

$$D = \Sigma d^2$$
$$= (25-74)^2 + (25-66)^2 + (25-30)^2 + (25-26)^2$$
$$= (-49)^2 + (-41)^2 + (-5)^2 + (-1)^2$$
$$= 2401 + 1681 + 25 + 1$$
$$= 4108$$

5 पीक संगतीसाठी :

$$D = \Sigma d^2$$
$$= (20-74)^2 + (20-66)^2 + (20-30)^2 + (20-26)^2 +$$
$$(20-15)^2$$
$$= (-54)^2 + (-46)^2 + (-10)^2 + (-6)^2 + (5)^2$$
$$= 2916 + 2116 + 100 + 36 + 25$$
$$= 5193$$

वरील उदाहरणामध्ये किमान विचलन हे 676 इतके आहे. म्हणजेच अलिगढ जिल्ह्यासाठी एक पीक संगती जास्त उपयोगी आहे.

(3) थॉमस यांची पीक संगती पद्धत (Thomas Method) : ब्रिटिश कृषी शास्त्रज्ञ थॉमस यांनी 1963 साली वेल्समधील कृषी प्रदेशाच्या सीमा निश्चित करण्यासाठी व्हीवर यांच्या पीक संगती पद्धतीत थोडा बदल करून एक विस्तारित पीक संगती मांडली. थॉमस यांच्या पद्धतीनुसार पिकांच्या एकूण संख्येने प्रत्येक पीक संगती काढताना भागायचे. म्हणजेच जे.सी.व्हीवर यांच्या पद्धतीत एक पीक संगतीत एका पिकानेच भागले जाते. (n = 1), दोन पीक संगतीत दोन पिकाने भागले जाते. (n = 2), तीन पीक पद्धतीमध्ये तीन पिकाने भागले जाते. (n = 3). थॉमस यांच्या पद्धतीनुसार प्रत्येक पीक संगतीसाठी जेवढी पिके असतील तेवढ्या संख्येने भागले जाते उदा., पाच पिके असतील तर प्रत्येक पीक

संगतीसाठी पाचने भागले जाते. (n = 5). यामध्ये विशिष्ट पिके व पीक संगती विचारात घेतली जात नाही. या पध्दतीस किमान वर्ग पध्दत (Least Square Method) असे म्हटले जाते.

उदा., या ठिकाणी आपण जे.सी.व्हीवर यांच्या उदाहरणाचा वापर करून थॉमस यांच्या पध्दतीनुसार पीक संगती घेऊ या.

मका	ओट्स	गवत	सोयाबीन	गहू
54%	24%	13%	5%	2%

		निरीक्षित क्षेत्र (%)	अपेक्षित क्षेत्र (%)	फरक (d)	फरक वर्ग (d^2)	एकूण फरक वर्ग $(\Sigma d)^2$	$\dfrac{\Sigma d^2}{n}$ (n=5)
1 पीक	मका	54	100	46	2116		
	ओट्स	24	0	−24	576		
	गवत	13	0	−13	169	2890	578
	सोयाबीन	5	0	−5	25		
	गहू	2	0	−2	4		
2 पिके	मका	54	50	−4	16		
	ओट्स	24	50	26	676		
	गवत	13	0	−13	169	890	178
	सोयाबीन	5	0	−5	25		
	गहू	2	0	−2	4		
3 पिके	मका	54	33.33	−20.70	428.49		
	ओट्स	24	33.33	9.3	86.49		
	गवत	13	33.33	−20.3	412.09	956.07	191.21
	सोयाबीन	5	0	−5	25		
	गहू	2	0	−2	4		
4 पिके	मका	54	25	−29	841		
	ओट्स	24	25	1	1		
	गवत	13	25	12	144	1390	278
	सोयाबीन	5	25	20	400		
	गहू	2	0	−2	4		

(क्रमशः)

		निरिक्षित क्षेत्र	अपेक्षित क्षेत्र	फरक	फरक वर्ग	एकूण फरक वर्ग	$\dfrac{\sum d^2}{n}$
		(%)	(%)	(d)	(d^2)	($\sum d)^2$	(n=5)
5 पिके	मका	54	20	–34	1156		
	ओट्स	24	20	–4	16		
	गवत	13	20	7	49	1770	354
	सोयाबीन	5	20	15	225		
	गहू	2	20	18	324		

1. पीक संगतीसाठी :

$$= (100 - 54)^2 + (0 - 24)^2 + (0 - 13)^2 + (0 - 5)^2 + (0 - 2)^2$$
$$= (46)^2 + (-24)^2 + (-13)^2 + (-5)^2 + (-2)^2$$
$$= 2116 + 576 + 169 + 25 + 4$$
$$= 2890$$
$$= \frac{2890}{5}$$
$$= 578$$

2. पीक संगतीसाठी :

$$= (50 - 54)^2 + (50 - 24)^2 + (0 - 13)^2 + (0 - 5)^2 +$$
$$(0 - 2)^2$$
$$= (-4)^2 + (26)^2 + (-13)^2 + (-5)^2 + (-2)^2$$
$$= 16 + 676 + 169 + 25 + 4$$
$$= 890$$
$$= \frac{890}{5}$$
$$= 178$$

3. पीक संगतीसाठी :

$$= (33.33 - 54)^2 + (33.33 - 24)^2 + (33.33 - 13)^2 +$$
$$(0 - 5)^2 + (0 - 2)^2$$
$$= (0 - 5)^2 + (0 - 2)^2$$
$$= (-20.7)^2 + (9.3)^2 + (-20.3)^2 + (-5)^2 + (-2)^2$$
$$= 428.49 + 86.49 + 412.09 + 25 + 4$$
$$= 956.07$$
$$= \frac{956.07}{5} \qquad = 191.21$$

4. पीक संगतीसाठी :

$$= (25 - 54)^2 + (25 - 24)^2 + (25 - 13)^2 + (25 - 5)^2 +$$
$$(0 - 2)^2$$
$$= (-29)^2 + (1)^2 + (12)^2 + (20)^2 + (-2)^2$$
$$= 841 + 1 + 144 + 400 + 4$$
$$= 1390$$
$$= \frac{1390}{5}$$
$$= 278$$

5. पीक संगतीसाठी :

$$= (20 - 54)^2 + (20 - 24)^2 + (20 - 13)^2 + (20 - 5)^2 +$$
$$(20 - 2)^2$$
$$= (-34)^2 + (-4)^2 + (7)^2 + (15)^2 + (18)^2$$
$$= 1156 + 16 + 49 + 225 + 324$$
$$= 1770$$
$$= \frac{1770}{5}$$
$$= 354$$

या उदाहरणात किमान मूल्य 178 आहे त्यामुळे थॉमस यांच्या पद्धतीनुसार दोन पीक संगती योग्य आहे. यावरून असे दिसून येते की व्हीवर यांच्या पद्धतीनुसार तीन पीक पद्धती तर थॉमस यांच्या पद्धतीनुसार दोन पीक संगती योग्य आहे. थॉमस यांची पद्धत ही व्हीवरच्या पद्धतीमधील त्रुटी दूर करणारी पद्धत आहे त्यामुळे व्हीवरच्या पद्धतीपेक्षा थॉमस यांची पद्धत अधिक प्रभावशाली ठरते.

पीक संगतीच्या सांख्यिकीय पद्धतीमध्ये जे.सी. व्हीवर, डोई व थॉमसन यांच्यानंतर जॉन्सन यांनी 1958, पॉवेल यांनी 1953, नेल्सन यांनी 1955 तर रफ्युल्ल्हा यांनी 1965 मध्ये पीक संगतीच्या सांख्यिकीय पद्धती मांडलेल्या आढळतात.

3.1.2 पीक विविधता/वैविध्यीकरण
(Crop Diversification)

कृषी प्रादेशिकरणाची ही दुसरी महत्त्वाची पद्धत आहे. पीक विविधता पद्धत ही प्रामुख्याने पीक विशेषीकरणाच्या विरुद्ध असलेली दिसून येते. पीक विविधता ही प्रामुख्याने विकसनशील देशांमध्ये मोठ्या प्रमाणात दिसून येते. कारण मोठ्या प्रमाणात एका वर्षामध्ये विविध पिकांचे उत्पादन घेतले जाते. पीक विविधतेचे प्रमाण हे प्रामुख्याने प्राकृतिक घटक, आर्थिक व सामाजिक घटक तसेच तांत्रिक विकास यावर अवलंबून असते. प्रामुख्याने ज्या प्रदेशामध्ये कृषीचा तांत्रिक विकास झालेला असतो त्या प्रदेशात पीक विविधतेचे प्रमाण कमी आढळते. याउलट, अप्रगत व अतांत्रिक तसेच मागासलेल्या भागात पीक विविधतेचे प्रमाण हे जास्त आढळताना दिसून येते. पीक विविधता ही प्रामुख्याने कमी व अनिश्चित पर्जन्यमान, पारंपरिक कृषी पद्धत, उदरनिर्वाहासाठी शेती या कारणांमुळे घडून येते.

पीक विविधता किंवा वैविध्यीकरण पद्धतीचा अभ्यास अनेक शास्त्रज्ञांनी केलेला दिसून येतो. यामध्ये भाटीया, जसबीर सिंग व गिब्ज व मार्टीन या शास्त्रज्ञांचा समावेश होतो.

(1) सी.डी. भाटीया यांची पीक विविधता पद्धत (C.D. Bhatia's Technique) : सी.डी. भाटीया यांनी 1965 साली पीक विविधता पद्धत मांडली. भाटीया यांनी भारतातील कृषीचा अभ्यास करून या पद्धतीचे विश्लेषण केलेले दिसून येते. सी.डी. भाटीया यांनी पीक विविधता पद्धत मांडताना खालील सूत्राचा वापर केला आहे.

सूत्र :

$$\text{पीक विविधता निर्देशांक} = \frac{\text{'n' पिकांच्या निव्वळ क्षेत्राचे शेकडा प्रमाण}}{\text{'N' पिकांची संख्या}}$$

(2) जसबीर सिंग यांची पीक विविधता पद्धत (Jasbir Singh's Technique) : जसबीर सिंग यांनी भाटीया यांच्या पद्धतीमध्ये सुधारणा करून 1976 साली ही पद्धत मांडली. जसबीर सिंग यांनी ही पद्धत मांडताना हरियाना राज्यातील कृषीचा अभ्यास केला. यामध्ये त्यांनी पीक विविधता पद्धतीचा निर्देशांक काढण्यासाठी खालील सूत्राचा वापर केलेला आहे.

सूत्र :

$$\text{पीक विविधता निर्देशांक} = \frac{\text{'n' पिकाखालील क्षेत्राचे शेकडा प्रमाण}}{\text{'N' पिकांची संख्या}}$$

(3) गिब्ज व मार्टीन यांची पीक विविधता पद्धत (Gibbs and Martins Technique) :

गिब्ज व मार्टीन यांनी 1962 साली पीक विविधता पद्धत मांडली. यामध्ये त्यांनी प्रत्येक पिकांचे हेक्टरी क्षेत्र विचारात घेतलेले दिसून येते. गिब्ज व मार्टीन यांनी पीक विविधता पद्धतीसाठी खालील सूत्राचा वापर केलेला आहे.

सूत्र :

$$\text{पीक विविधता निर्देशांक} = 1 - \frac{\Sigma x^2}{(\Sigma x)^2}$$

x = प्रत्येक पिकांचे हेक्टरी क्षेत्राचे शेकडा प्रमाण

(% of Total croped area each crop of hector under

individual crop)

या पद्धतीमध्ये कमी निर्देशांक कमी विविधता तर जास्त निर्देशांक हा जास्त विविधता दर्शवितो.

3.2 शेतीच्या/कृषीच्या समस्या
(Problems of Agriculture)

कृषिक्षेत्रात झालेली प्रगती, शेतमालाची वाढती मागणी यामुळे होणारा शेतीचा विस्तार यासारख्या कृषीच्या अवस्था जगातील अनेक देशांत आहेत. अनेक देशांनी विज्ञान, तंत्रज्ञान व औद्योगिकीकरणाच्या जोरावर कृषिक्षेत्राचा मोठ्या प्रमाणात विकास केलेला दिसून येतो. एवढे असूनसुद्धा कृषीच्या समस्या आढळतात. कृषीच्या समस्यांची प्रामुख्याने तीन भागांत विभागणी केली जाते.

(1) **भौगोलिक समस्या/नैसर्गिक समस्या (Physical Problems) :** या समस्यांना प्राकृतिक किंवा नैसर्गिक असेही म्हणतात. पृथ्वीवर कोणत्याही ठिकाणी भूरचना, नैसर्गिक परिस्थिती, हवामान, जलाशये, किनारे इ. घटक एकसारख्या स्वरूपाचे आढळत नाहीत. त्यामुळे जगाच्या सर्व भागात कृषीच्या कमी-अधिक प्रमाणात समस्या आढळतात. कृषीच्या किंवा शेतीच्या भौगोलिक समस्यांमध्ये भूरचना, हवामान, नैसर्गिक आपत्ती व जमिनीची धूप यांचा समावेश होतो.

(अ) **भूरचना :** भूरचना ही शेतीची एक महत्त्वाची समस्या आहे. पृथ्वीवर प्रामुख्याने एकूण क्षेत्रफळाच्या 149 द.ल.चौरस कि.मी. क्षेत्रफळ हे भूभागाचे आहे. म्हणजेच एकूण क्षेत्रफळाच्या 29% जमिनीचा (भूपृष्ठाचा) भाग येतो. या सर्व पृष्ठभागाची रचना एकसारखी नाही. काही ठिकाणी पर्वतीय प्रदेश, पठारे, मैदाने तर काही ठिकाणी वाळवंटे, जंगले, मानवी वसाहती, जलाशये, रस्ते इ. घटक आढळतात. कृषी ही प्रामुख्याने सपाट व सखल प्रदेशावर होते. त्यामुळे भूपृष्ठाच्या पर्वतीय भागात शेतीचा विकास होत नाही. त्यामुळे पर्वतीय ओबडधोबड व अतिउताराची भूरचना ही शेतीपुढील एक समस्या आहे. वाढत्या मानवी हस्तक्षेपामुळे पर्यावरणाचा होणारा ह्रास त्यामुळे जंगले नाहीशी होत आहेत. पर्यायाने जमीन उघडी पडून ओसाड बनत आहे. तसेच पर्जन्याचे प्रमाण घटल्याने वाळवंटीकरणाचा वेग वाढला आहे. ही एक कृषीची महत्त्वाची समस्या आहे.

(ब) हवामान : शेतीच्या समस्यांत हवामानविषयक समस्या महत्त्वाच्या ठरतात. हवामानविषयक समस्या सर्वत्र नसल्या तरी पृथ्वीच्या काही भागात या समस्या आढळतात. हवामानविषयक समस्यांमध्ये कमी व अनियमित पर्जन्य, बर्फवृष्टी, गारांचा पाऊस, धुके, जोरकस पाऊस, वादळे इ. घटकांचा समावेश होतो. यामध्ये जगात बऱ्याच ठिकाणी कमी व अनिश्चित पर्जन्यामुळे शेतीची अधोगती झालेली दिसून येते. उदा., महाराष्ट्रातील मराठवाडा, राजस्थान, मध्य प्रदेश इत्यादी.

समशीतोष्ण कटिबंधीय प्रदेशातील पर्वतमय भागात बर्फवृष्टीमुळे वारंवार शेतीचे नुकसान होते. तर उष्ण कटिबंधीय प्रदेशात गारांचा पाऊस पडून आंबा, द्राक्ष, डाळिंब, स्ट्रॉबेरी, तंबाखू इ. नाजूक पिकांची हानी होते. धुके हे पिकास हानिकारक असते. उत्तर भारतात व मेक्सिको प्रदेशात पडणाऱ्या धुक्यामुळे शेतीचे मोठ्या प्रमाणात नुकसान झालेले दिसून येते.

समुद्रकिनाऱ्याच्या भागात पडणाऱ्या जोरदार पर्जन्य व वादळी वाऱ्यामुळे मोठ्या प्रमाणात नारळ, आंबा, ऊस, भात इ. पिकांचे नुकसान होते. यामुळे वादळे व जोरकस पर्जन्य या शेतीच्या महत्त्वाच्या समस्या आहेत.

सध्याच्या काळात उत्तर भारतात म्हणजेच पंजाब, हरियाणा, दिल्ली, उत्तर प्रदेश, हिमाचल प्रदेश, राजस्थान या भागात हिवाळ्यात मोठ्या प्रमाणात धुके निर्माण होत आहे. याशिवाय मानवनिर्मित हस्तक्षेपामुळे मोठ्या प्रमाणात धुराची निर्मिती होते. यामुळे धुके व धूर एकत्र आल्यावर धुरक्याची (प्रदूषण) निर्मिती होत आहे. याचा परिणाम शेतीवर व मानवी जीवनावरही होताना दिसून येतो.

(क) नैसर्गिक आपत्ती : नैसर्गिक आपत्ती ही एक शेतीची महत्त्वाची समस्या आहे. यामध्ये भूकंप, ज्वालामुखी, भूस्खलन, पूर, अवर्षण, ढगफुटी, चक्रीवादळ इत्यादी नैसर्गिक आपत्तींचा समावेश होतो. भूकंप व ज्वालामुखीमुळे शेतीक्षेत्रामध्ये मोठ्या प्रमाणात नासधूस होते व भूपृष्ठरचनेत कायमचे बदल होऊन ते क्षेत्र नापीक होते ही एक कृषीसमोरील गंभीर समस्या आहे.

त्याचबरोबर मोठ्या नद्यांना पूर येऊन जमिनीची मोठ्या प्रमाणात धूप तर होतेच त्याशिवाय नद्यांच्या परिसरातील पिके वाहून जाऊन मोठी हानी होते. नद्यांना पूर आल्याने नद्यांच्या परिसरातील सुपीक जमिनीचे थर वाहून जातात व त्या भागात खडकाचे तुकडे, भरड पदार्थ, प्लॅस्टिक व मानवनिर्मित कचरा साठून जमीन नापीक बनते. त्यामुळे पूर ही एक शेतीपुढील महत्त्वाची समस्या आहे. उदा., भारतात पुरामुळे सुमारे 70% पिकांची हानी होते. चीनमधील होयाँग हो, म्यानमारमधील इरावती, आफ्रिकेतील कांगो व नायजर, दक्षिण

अमेरिकेतील अमेझॉन व संयुक्त संस्थानातील मिसिसिपी या नद्यांच्या पुरामुळे शेतीचे मोठ्या प्रमाणात नुकसान होते.

भूस्खलन ही देखील शेतीपुढील महत्त्वाची नैसर्गिक समस्या आहे. भूस्खलनामुळे पर्वताच्या पायथ्याशी होणाऱ्या शेतीवर तसेच पर्वत उतारावर होणाऱ्या पायऱ्यांच्या शेतीवर मोठा परिणाम होतो. उदा., भारतातील हिमालय पर्वताच्या भागात होणाऱ्या भूस्खलनामुळे हजारो हेक्टर क्षेत्र नापीक होताना दिसून येते. 2014 साली महाराष्ट्रातील पुणे जिल्ह्यात माळीण या ठिकाणी झालेल्या भूस्खलनामुळे शेतीची मोठी हानी झाली तसेच सुमारे हेक्टर जमिनीचे रूपांतर अकृषी जमिनीमध्ये झालेले दिसून येते.

अबर्षण ही शेतीपुढील गंभीर समस्या आहे. दिवसेंदिवस पर्जन्याची कमतरता व अनिश्चितता यामुळे शेतीसाठी पाण्याचे दुर्भिक्ष निर्माण झाले आहे. त्यामुळे जगातील तसेच भारतातील अनेक भागांतील लोकसंख्येला व शेतीला दुष्काळाचा सामना करावा लागत आहे. उदा., महाराष्ट्रातील मराठवाडा व विदर्भातील अवर्षणाच्या संकटामुळे दरवर्षी अनेक शेतकरी आत्महत्या करताना दिसून येतात.

ढगफुटी हा एक नैसर्गिक आपत्तीचा प्रकार असून शेतीपुढील आणखी एक महत्त्वाची समस्या आहे. ढगफुटीमुळे शेतीचे प्रचंड नुकसान होते. ज्या प्रदेशात ढगफुटी होते त्या प्रदेशात प्रचंड मोठा पूर येऊन त्या प्रदेशातील पिके वाहून जातात. तसेच जमिनीचा सुपीक थर वाहून जातो व आतील खडक उघडे पडतात. त्यामुळे त्या भागातील सुपीक जमीन नापीक बनते. उदा., 2013 साली झालेल्या उत्तराखंड येथील ढगफुटीमुळे शेतीचे प्रचंड नुकसान झाले होते. चक्रीवादळेसुद्धा मोठ्या प्रमाणात शेतीवर परिणाम करतात. चक्रीवादळामुळे पिकांचे नुकसान होते. चक्रीवादळे प्रामुख्याने समुद्रकिनाऱ्याच्या भागात येतात. त्यामुळे या प्रदेशातील पिकांची हानी होताना दिसून येते.

(ड) जमिनीची धूप : जमिनीची धूप ही जगातील सर्व कृषिक्षेत्रात असलेली एक मोठी समस्या आहे. जगाच्या प्रत्येक भागात दरवर्षी हजारो टन माती, वारा, पाऊस, वाहते पाणी या घटकांमुळे समुद्राला जाऊन मिळते यालाच जमिनीची धूप असे म्हणतात. जमिनीची धूप प्रामुख्याने वृक्षतोड, जमिनीचा तीव्र उतार, मुसळधार पाऊस, नद्यांचा पूर, जमिनीची खोलवर केलेली मशागत, पिके घेण्याची चुकीची पद्धत, रासायनिक खतांचा व कीटकनाशकांचा वापर यामुळे घडून येते. कृषिक्षेत्रात झालेल्या या समस्येमुळे कृषीचे अस्तित्व धोक्यात आल्याचे दिसून येते. कारण मृदेचा 30 सें.मी. जाडीचा थर तयार होण्यास हजारो वर्षे लागतात. त्यापेक्षा कितीतरी पटीने मृदेच्या धूपेचा वेग आहे. त्यामुळे ही गंभीर समस्या आहे. एकंदरीत जमिनीची रासायनिक व प्राकृतिक अधोगती थांबविणे ही काळजी गरज आहे.

(2) आर्थिक समस्या (Economic Problems) : कृषीच्या समोर ज्याप्रकारे भौगोलिक समस्या आहेत त्याचप्रमाणे आर्थिक समस्याही आहेत. मुख्यत्वे विकसित देशात झालेल्या आर्थिक विकासामुळे या देशात आर्थिक समस्या कमी प्रमाणात आढळतात. परंतु अविकसित देशात आर्थिक विकास कमी प्रमाणात असल्याने या देशांना आर्थिक समस्या भेडसावताना दिसून येतात. आर्थिक समस्यांमध्ये भांडवलाची कमतरता, वाहतुकीच्या अपुन्या सोई, बाजारपेठांची कमतरता, अकुशल मजूर, जलसिंचनाच्या अपुन्या सोई, साठवणूक केंद्रांचा अभाव, वैज्ञानिक व तांत्रिक प्रगतीचा अभाव या समस्या आढळून येतात.

(अ) भांडवलाची कमतरता : कृषीमध्ये जमीन, हवामान, पाणी या घटकानंतर भांडवल हा अत्यंत महत्त्वाचा घटक येतो. शेतीचा विकास व प्रगती भांडवलाच्या पुरवठ्यावर अवलंबून असते. शेतीची सुधारणा, सुधारित बी-बियाणे, रासायनिक व सेंद्रिय खते, कीटकनाशके, आधुनिक यंत्रसामग्री, जलसिंचन, कुशल मजूर या सर्व घटकांना भांडवलाची नितांत गरज असते. ज्या शेतकऱ्यांकडे भांडवलाचा पुरवठा असतो. असे शेतकरी आपल्या शेतीचा विकास करतात. प्रामुख्याने विकसित देशांतील शेतकऱ्यांना मोठ्या प्रमाणात भांडवल पुरवठा केल्याने त्या प्रदेशातील शेतकरी शेतीचा विकास वेगाने करताना दिसून येतात. मात्र अविकसित देशात भांडवलाच्या कमतरतेमुळे शेतकरी आपल्या शेतात आधुनिक यंत्रांचा व सुधारित बी-बियाणांचा, खतांचा व जलसिंचनाचा वापर करू शकत नाहीत. त्यामुळे या देशातील शेती ही मागासलेली दिसून येते. भांडवलाची कमतरता ही एक मोठी समस्या निर्माण झाली आहे.

(ब) वाहतुकीच्या अपुन्या सोई : कृषिक्षेत्र व उद्योगधंदे तसेच बाजारपेठा यांना जोडणारा महत्त्वाचा दुवा म्हणजे वाहतूक होय. त्यामुळे कृषिमालाची ने-आण करण्यासाठी वाहतुकीची नितांत गरज असते. विशेषतः भाजीपाला, नाशवंत माल, फळे, फुले इत्यादी शेतीमालासाठी जलद व पूरक वाहतुकीची व्यवस्था असावी लागते. जगामध्ये आफ्रिका, आशिया व दक्षिण अमेरिकेतील काही मागास देशांमध्ये वाहतुकीच्या सोईंचा अभाव असल्याने त्या प्रदेशातील शेतीचा विकास झालेला नाही. त्यामुळे ही त्यांच्यापुढील एक गंभीर समस्या आहे.

(क) बाजारपेठांची कमतरता : कृषिमालाच्या व्यापारासाठी बाजारपेठांची गरज असते तसेच शेतीचा विकास हा बाजारपेठांवर अवलंबून असतो. तसेच कृषी बाजारपेठा या लोकसंख्या व उद्योगधंद्यांवर अवलंबून असतात. त्यामुळे कृषीच्या विकासासाठी बाजारपेठांची आवश्यकता असते. परंतु आशिया, आफ्रिका व दक्षिण अमेरिकेतील अविकसित देशांमध्ये बाजारपेठांची कमतरता आहे. त्यामुळे त्या प्रदेशात शेतीचा विकास झालेला नाही. तसेच अविकसित देशात ज्या बाजारपेठा आहेत त्या बाजारपेठेत कृषिमालाला

योग्य भाव मिळत नसल्याने कृषीचा विकास मंद गतीने होताना दिसून येतो. त्यामुळे अविकसित देशांत बाजारपेठांची कमतरता ही कृषिसमोरील महत्त्वाची समस्या आहे.

(ड) अकुशल मजूर : कृषीच्या काही पद्धतींमध्ये कुशल मजुरांची आवश्यकता असते. उदा., फळशेती, फुलशेती, रेशीम उद्योग, मध संकलन उद्योग इत्यादी. अविकसित देशांमध्ये मोठ्या प्रमाणात लोकसंख्या किंवा मजूर पुरवठा असूनसुद्धा कृषीच्या आधुनिक पद्धतींचा विकास झालेला दिसून येत नाही. कारण या प्रदेशात असणारा मजुरांचा पुरवठा हा अकुशल स्वरूपाचा असल्याने त्यांचा उपयोग आधुनिक शेतीमध्ये होत नाही. भारतासारख्या देशात फळशेती व फुलशेतीमध्ये बऱ्याच प्रमाणात अकुशल मजूर असल्याने म्हणजेच कुशल मजुरांचा अभाव असल्याने भारतात अनेक ठिकाणी फळ व फूल शेतीचा विकास हा मंद गतीने चाललेला दिसून येतो.

(इ) जलसिंचनाच्या अपुऱ्या सोई : कृषिक्षेत्र हे प्रामुख्याने जलसिंचनावर अवलंबून असते. जगाच्या अनेक भागात पर्जन्याची कमतरता व अनिश्चितता असल्याने त्या भागातील शेती ही जलसिंचनावर अवलंबून आहे. परंतु जगातील अनेक भागात विशेषतः शुष्क व अर्धशुष्क प्रदेशात जलसिंचनाच्या सोईंचा अभाव असल्याने शेतीवर त्याचा मोठा परिणाम झाल्याचे दिसून येते. यामध्ये आफ्रिका, नैर्ऋत्य आशिया व भारताच्या काही भागांचा समावेश होतो.

(ई) साठवणूक केंद्रांचा अभाव : कृषीतून तयार होणाऱ्या फळे, फुले, बागायती पिके विशेषतः आले, हळद, तसेच नाशवंत माल व भाजीपाला इत्यादी मालाच्या साठवणुकीच्या सोई आवश्यक असतात. तसेच या साठवणुकीच्या केंद्रांमध्ये शीतकरण सुविधा असणे आवश्यक असते. त्यामुळे साठवणूक केंद्रांची कमतरता असल्यास कृषिमालाचे उत्पादन होऊनसुद्धा त्यांची नासाडी होते व कृषिमालाचा तुटवडा जाणवतो. उदा., भारतासारख्या कृषिप्रधान देशात ही समस्या भेडसावत असते. भारतामध्ये साठवणुकीच्या केंद्रांचा अभाव असल्याने अतिरिक्त झालेला कृषिमाल, फळे, नाशवंत पदार्थ व भाजीपाला साठविता येत नाही. त्यामुळे अतिरिक्त उत्पादन होऊनसुद्धा साठवणूक केंद्र व शीतगृहांच्या तुटवड्यामुळे हजारो क्विंटल माल नाश पावतो.

(उ) वैज्ञानिक व तांत्रिक प्रगतीचा अभाव : ज्या पद्धतीप्रमाणे पाश्चिमात्य देशांमध्ये वैज्ञानिक व तांत्रिक प्रगती झाली आहे त्याप्रमाणे अविकसित देशात ही प्रगती आढळत नाही. त्याचा परिणाम कृषीच्या विकासावर जाणवतो. वैज्ञानिक व तांत्रिक प्रगतीच्या अभावामुळे अनेक अविकसित देशांत पीक पद्धती, बियाणे, खते, कीटकनाशके यांचा वापर तसेच जलसिंचनाची पद्धत, कापणी व मळणी यंत्रे, मशागत करण्याची पद्धत इत्यादी गोष्टींत

मागासलेपणा स्पष्ट दिसून येतो. आजही भारतातील सुमारे 80% शेतकरी परंपरागत बियाणांचा व जलसिंचनाचा वापर करताना दिसून येतात.

(3) सामाजिक समस्या (Social Problems) : सामाजिक समस्या या मानवाच्या समुदायावर व समुदायाच्या विविधतेवर अवलंबून असतात. जगाच्या निरनिराळ्या भागात या समस्या वेगवेगळ्या स्वरूपाच्या आढळतात. कारण जगातील समाजात प्रत्येक भागात समाजभिन्नता आढळते. विशेषतः जगातील मागास व अविकसित देशांत साक्षरतेच्या अभावामुळे या समस्या भेडसावताना दिसून येतात. सामाजिक समस्यांमध्ये लोकसंख्येचा आकार, जमिनीचा मालकी हक्क, जमिनीचा आकार, साक्षरता व रूढी-परंपरा यांचा समावेश होतो.

(अ) लोकसंख्येचा आकार : वेगाने वाढणारी लोकसंख्या व अपुरे अन्नधान्य ही तर सर्वांत महत्त्वाची समस्या मानवापुढे उभी आहे. या विषयावर माल्थस या शास्त्रज्ञाने आपला सिद्धान्त स्पष्ट केलेला दिसून येतो. जगातील अनेक देशांचा अभ्यास केल्यास असे दिसून येते की, जगाच्या एकूण लोकसंख्येपैकी सुमारे 75% लोकसंख्या एकूण जमिनीच्या 25% भागावर राहते तर उरलेली 25% लोकसंख्या 75% भूभागावर राहते. या विषम लोकसंख्या वितरणाचा परिणाम कृषीच्या विकासावर झालेला दिसून येतो. उदा., एकट्या आशिया खंडात जगातील एकूण लोकसंख्येच्या 60% लोकसंख्या राहते. त्यामुळे या भागातील शेतीव्यवस्थेवर ताण आलेला दिसून येतो. तसेच या भागातील शेतीमध्ये प्रामुख्याने अन्नधान्याचे उत्पादन करावे लागते. त्यामुळे आधुनिक शेतीला वाव मिळत नाही.

(ब) जमीन मालकी हक्क : जमीन मालकी हक्क ही एक कृषीची महत्त्वाची सामाजिक समस्या आहे. या प्रकारची समस्या ही भारतात मोठ्या प्रमाणात पाहावयास मिळते. पूर्वी भारतात जमीनदारी पद्धत असल्याने शेती करणारे लोक हे शेतीचे मालक नव्हते. त्यामुळे शेतीचे मालक हे त्यांना गुलाम समजत. त्यामुळे शेतीचे मालक व जमीन कसणारे गुलाम अशी दरी निर्माण होऊन शेतीची प्रगती मंदावलेली दिसून येते. तसेच मध्यंतरीच्या काळात कूळकायदा ही व्यवस्था आली म्हणजेच कसेल त्याला जमीन यामुळे शेतमालक व जमीन कसणारे यांच्यामधील संबंध आणखी बिघडले.

(क) जमिनीचा आकार : जमिनीचा आकार हा एक कृषीसमोरील महत्त्वाचा प्रश्न आहे. शेतजमिनीचा आकार लहान असेल तर त्यामध्ये यांत्रिक प्रगती, खतांचा वापर कीटकनाशकांची फवारणी व तंत्रज्ञानाचा वापर करणे अवघड जाते. पर्यायाने या प्रकारची शेती ही परंपरागत राहून विकास मंदावतो. उदा., भारतामध्ये वडिलोपार्जित जमीनधारणा हक्कामुळे दिवसेंदिवस जमिनीचे तुकडीकरण झालेले दिसून येते. त्यामुळे भारतात सुधारित बी-बियाणे, यंत्रे, रासायनिक खते, औषध फवारणी यंत्र यांच्या वापराचा अभाव दिसून येतो.

(ड) रूढी व परंपरा : जगामध्ये शेती करणाऱ्या देशांमध्ये प्रमुख दोन प्रकार पडतात. एक म्हणजे आधुनिक पद्धतीने शेती करणारे देश, यामध्ये अमेरिका, जपान, रशिया, चीन इ. देशांचा समावेश होतो. तर दुसरा प्रकार म्हणजे मागासलेली व जुन्या पद्धतीने शेती करणारे देश, यामध्ये आफ्रिका, भारत, ब्राझील, अर्जेंटिना, श्रीलंका, बांगलादेश, पाकिस्तान, म्यानमार इ. देशांचा समावेश होतो. मागासलेल्या देशांत अजूनही रूढी-परंपरेनुसार नित्कृष्ट दर्जाचे बी-बियाणे, खते, कीटकनाशके वापरली जातात. तसेच मशागत पद्धत, कापणी, मळणी व साठवणूक या प्रक्रियाही परंपरागत पद्धतीने होताना दिसून येतात. ही एक कृषीसमोरील समस्याच आहे.

(इ) साक्षरता : साक्षरता हा सुद्धा कृषीसमोरील एक महत्त्वाचा घटक आहे. भारतासंदर्भात विशेषतः महाराष्ट्रात असे संबोधले जाते की, जे लोक शिक्षण घेत नाहीत किंवा निरक्षर असतात, ज्यांना नोकरी किंवा व्यवसायात गती नसते असे लोकच शेती करतात. याचा अर्थ असा होतो की, शेती करणारे लोक हे प्रामुख्याने निरक्षर असतात. प्रामुख्याने शेती करणे ही एक वैज्ञानिक कला आहे. शेती करण्यासाठी शेतकऱ्यास भूरचना, हवामान, जलसिंचनाच्या पद्धती, आधुनिक तंत्रज्ञान, विज्ञान, बी-बियाणांचे ज्ञान, रासायनिक व सेंद्रिय खतांमधील फरक, कीटकनाशकांचे ज्ञान, यंत्रांचा वापर इत्यादी गोष्टींची माहिती असणे गरजेचे असते. तसेच दळणवळणाच्या साधनांमार्फत मिळणारी शेतीविषयी माहिती घेणे आवश्यक असते. उलट जगात अनेक भागांत ज्याला या सर्वांची काहीही माहिती नसते असेच लोक शेती करताना दिसून येतात. म्हणून ही एक कृषीची गंभीर समस्या आहे.

(4) सांस्कृतिक समस्या (Cultural Problems) : कृषिक्षेत्रामुळे आर्थिक, सामाजिक आणि सांस्कृतिक विकासाला चालना मिळत असते. तरीसुद्धा या सर्व गोष्टींचा परिणाम प्रत्यक्ष-अप्रत्यक्षरीत्या कृषी व्यवसायातून मिळणाऱ्या उत्पन्नावर व कृषी व्यवसायावर होत असतो. भारत हा कृषीप्रधान आणि ग्रामीण व्यवस्थेचा विकसनशील देश आहे. भारतात पारंपरिक पद्धतीने शेती केली जाते. अनेक सांस्कृतिक घटकांचा प्रभावसुद्धा शेती व्यवसायावर झालेला आढळतो. पारंपरिक रूढी, प्रथा, परंपरा, चालीरीती या गोष्टींबरोबरच सण, उत्सव यांसारख्या गोष्टीसुद्धा शेती व्यवसायावर परिणाम करीत असतात. शेतीतील उत्पादन काढण्याच्या वेळी सण, उत्सव आले की शेतीव्यवसायाकडे दुर्लक्ष होत असते. काही सण हे विशिष्ट हंगामात येत असल्याने ठरावीक पिकांच्या लागण करण्याच्या वेळी किंवा काढणीच्या वेळी येत असल्याने मजूर पुरवठा कधी अपुरा पडतो तर पिकांना योग्य वेळी काही गोष्टींचा पुरवठा होत नाही. त्या वेळी एकूणच कृषिक्षेत्रातून मिळणाऱ्या उत्पादनात घट होत असते.

भारतातील शेतकरी हा रूढी परंपरावादी असल्याने आधुनिकतेचा तो सहजासहजी स्वीकार करित नाही. काही मागासलेल्या भागात जुन्या प्रथा चालीरीती आजही पाळल्या जातात. काही भागात चांगले पीक येण्यासाठी शेताला प्राण्यांचे बळी देण्याची प्रथा, जास्त पाणी व जास्त जमीन वापरल्याने जमीन नापीक बनते, दुष्काळाचे संकट देव निर्माण करतो अशा अनेक अंधश्रद्धा ग्रामीण भागातील शेती व्यवसायाच्या विकासावर परिणाम करीत असतात. आधुनिक तंत्रज्ञानाचा वापर करण्यासाठी या शेतकऱ्यांना अजिबात रस नसतो. त्यामुळे कृषी व्यवसायाच्या विकासाबरोबर सांस्कृतिक उभारणी करण्यासाठी या पारंपरिक गोष्टी सांस्कृतिक समस्या ठरत आहेत.

(5) राजकीय समस्या (Political Problems) : शेती व्यवसायाशी संबंधित असणारा अलीकडच्या काळातील हा एक महत्त्वाचा विषय बनत चालला आहे. बहुसंख्य शेतकऱ्यांमध्ये राजकीय चर्चेचा विषय वारंवार होत असतो. यातून व्यर्थ जाणारा वेळ आणि पैसा खर्ची पडत असतो. अनेक ठिकाणी राजकीय कलह निर्माण होत असतात. काही वेळा आर्थिक, सामाजिक व सांस्कृतिक घटकांपेक्षा राजकीय निर्णय हे ग्रामीण भागात पीक प्रणालीवर परिणाम करत असतात. या सर्वांचा परिणाम शेतीचे उत्पादन, उत्पादकता आणि उत्पन्न या तिन्ही गोष्टींवर होत असतो. एखाद्या भागात शेतकऱ्यांच्या इच्छेनुसार शेतात पिकांची लागवड न करता काही विशिष्ट कालावधीत राजकीय परिस्थितीनुसार राजकीय पातळीवर पिकांचे उत्पन्न घेतले जाते. प्रादेशिक नियोजनाबरोबरच पीक पद्धती, पिकांची अदलाबदल, मिश्र पिकांची व्यवस्था, अनेक ठिकाणी नापीक क्षेत्र लागवडीखाली आणले जाऊन मोठ्या प्रमाणात उत्पादन घेतले जाते. उदा., तंबाखू या पिकांचे उत्पादन घेण्यासाठी देशाच्या काही भागात राजकीय बंधनामुळेच नियंत्रण आले आहे. भारतासारख्या विकसनशील देशामध्ये ही राजकीय समस्या कृषिक्षेत्रात बदल घडवू पाहत असताना काही प्रमाणात समस्या निर्माण होतात त्याचा परिणाम कृषी विकासावर होत असतो.

(6) प्रशासकीय समस्या (Administrative Problems) : शेतीवर ज्याप्रमाणे आर्थिक, सामाजिक, वैज्ञानिक व तांत्रिक घटकांचा परिणाम होतो त्याचप्रमाणे प्रशासकीय घटकांचाही परिणाम होत असतो. यामध्ये शासकीय धोरणे, कायदा व सुव्यवस्था या घटकांचा समावेश होतो. शेतीच्या दृष्टीने शासकीय धोरणाला महत्त्व आहे. शासनाचे धोरण हे शेतीला चालना देणारे असल्यास शेतीची प्रगती होते. शेतकऱ्यांना कमी व्याजाने कर्ज उपलब्ध करून देणे, शेतीच्या विविध पद्धतींवर व साधनांवर अनुदान देणे, विहिरी, कूपनलिका, धरणे यांच्या माध्यमातून योग्य पाणीपुरवठा सुविधा पुरविणे, शासनाच्या धोरणात या सर्व गोष्टी शेतकऱ्यांना योग्य वेळेत न मिळाल्यास अनेक समस्या निर्माण होतात व कृषी उत्पादनात घट होत राहते.

त्याचप्रमाणे विशेष शेती प्रकल्प, फळशेती व फूलशेती यासाठी आर्थिक साहाय्य मोठ्या प्रमाणात आवश्यक असते, खते, बी-बियाणे यासाठी योग्य वेळेत कर्ज उपलब्ध होणे

गरजेचे असते. उशीर लागल्यास शेतकऱ्याला भांडवल उपलब्ध नसल्याने उत्पादन घेता येत नाही.

कायदा व सुव्यवस्था यांचासुद्धा कृषी प्रगतीवर परिणाम होत असतो. भारतामध्ये वडिलोपार्जित जमिनीचे अपत्यानुसार विभाजन होत असते त्यामुळे जमिनीचे तुकडीकरण होऊन लहान आकार होतो, अधोगती होते. आधुनिक यंत्रसामग्री वापरण्यात अडचणी येतात. शेतजमिनीचे विविध कायद्यामुळे पडीक जमिनीचे प्रमाण वाढलेले दिसून येते. वाढती लोकसंख्या, औद्योगिकीकरण, नागरिकीकरण वसाहतींचा विस्तार, रस्तेबांधणी, रेल्वेमार्ग, कालवे बांधणी इत्यादी अनेक गोष्टींमुळे मोठ्या प्रमाणात कृषीखालील जमिनीचे रूपांतर अकृषी जमिनीत होताना दिसत आहे. याला आळा घालण्यासाठी कोणत्याही ठोस कायद्याची अंमलबजावणी होताना दिसत नाही त्यामुळे कृषीखालील क्षेत्र कमी होऊन कृषीचा विकास मंदावतो.

3.3　शाश्वत कृषी

(Sustainable Agriculture)

मानवाच्या मूलभूत गरजा अन्न, वस्त्र, निवारा या आहेत. या मूलभूत गरजांची पूर्तता करीत असताना शेती या व्यवसायाकडे एक उदरनिर्वाहाचे साधन म्हणून पाहिले जायचे, तो व्यवसाय पारंपरिक पद्धतीने होत असायचा. परंतु आता या शेतीकडे फक्त उदरनिर्वाहाचे साधन म्हणून न पाहता एक पारंपरिक संसाधन म्हणून शेती व्यवसायाचा उदय होत आहे. म्हणजेच शेती करण्याच्या पद्धती बदलत आहेत. 'जुनं ते सोनं', असं म्हटले जात तेच शेती करण्याच्या पद्धतीच्या बाबतीत घडत आहे. त्याचबरोबर त्याला 'नव ते हवं' याचीही जोड मिळत आहे. याच्या माध्यमातून शेती व्यवसायाची पारंपरिक नीतिमूल्ये, वारसा जपण्याबरोबर आधुनिक तंत्रज्ञानाचा वापर करून उज्ज्वल भविष्यासाठी शेतीचा केला जाणारा विकास म्हणजेच शाश्वत शेती असे म्हणता येईल. वाढत्या लोकसंख्येबरोबरच अन्नधान्याचे उत्पादन वाढविण्यासाठी हरित क्रांतीचा उदय झाला, शेतीमध्ये आधुनिक तंत्रज्ञानाचा वापर, सुधारित बी-बियाणे, रासायनिक खतांचा प्रचंड वापर, कीटकनाशके, जंतुनाशकांचा वापर या सर्वांचा एकत्रित परिणाम उत्पादनवाढीमध्ये दिसू लागला. परंतु कालांतराने या गोष्टींचा दुष्परिणाम नैसर्गिक साधनसंपत्तीच्या बाबतीत हळूहळू दिसू लागला. म्हणजेच जमिनीची सुपीकता कमी होऊन अनेक जमिनी रासायनिक खतांच्या जास्त वापराने नापीक, क्षारपड बनल्या. जमिनीतील जैविक घटक कमी होऊ लागला. जमिनीचा सामू (PH) बिघडला कीटकनाशके, जंतुनाशकांमुळे मानवी आरोग्य बिघडू लागले त्याचबरोबर अनेक सूक्ष्म जीवजंतूंच्या जाती नष्ट होऊ लागल्या. असे असंख्य प्रश्न भेडसावू लागले, प्रदूषणासारख्या गंभीर समस्या निर्माण होऊन शेतीक्षेत्राच्या विकासासाठी पर्यायी व्यवस्था शोधून सेंद्रिय शेतीकडे लक्ष वेधले गेले. याच सेंद्रिय शेतीमध्ये आपण भावी पिढीचा विचार करतोच परंतु या शेतीवर भविष्यकालीन पिढीच्या गरजा भागवू शकत नाही.

कारण, सेंद्रिय शेतीला मर्यादा पडतात. हे लक्षात आल्यानंतर आधुनिक शेतीबरोबर पारंपरिक वारसा जपणारी सेंद्रिय शेतीसुद्धा तितकीच महत्त्वाची असून या दोन्ही पद्धतीच्या अभ्यासानंतर या शाश्वत शेती पद्धतीचा उदय झाला आणि दोन्ही पद्धतीची सांगड या शेतीमध्ये झाली.

शेतीच्या बळावर सध्याच्या पिढीच्या गरजा भागविल्या जाव्यात त्याचबरोबर भविष्यकालीन पिढीच्या गरजा भागविण्यासाठी साधनसंपत्तीचा शास्त्रीय पद्धतीने वापर होणे गरजेचे आहे. नैसर्गिक साधनसंपत्ती म्हणजेच ते सर्व घटक शेतीक्षेत्रासाठी आवश्यक घटक आहेत. यामध्ये वनस्पती, प्राणी, जंगले, पाणी, जमीन, मानव या सर्व घटकांचा समावेश होतो. म्हणूनच या सर्व घटकांचे संवर्धन म्हणजेच शाश्वत शेतीचे व्यवस्थापन होय. शेती व्यवसायाची नैसर्गिक साधनसंपत्ती, पारंपरिक वारसा जपण्यासाठी आधुनिक तंत्रज्ञानाचा वापर करून उज्ज्वल भवितव्यासाठी केली जाणारी शेती हीच शाश्वत कृषी होय.

शाश्वत शेतीच्या व्याख्या

1. दैनंदिन जीवनात मानवाच्या वाढत्या गरजा पूर्ण करण्यासाठी शेतीक्षेत्राचे योग्य नियोजनपूर्वक व्यवस्थापन करणे आणि भविष्यासाठी शेती विकसित करणे यालाच 'शाश्वत शेती विकास' असे म्हणतात.

2. कृषी व्यवसायासाठी लागणाऱ्या सर्व नैसर्गिक घटकांचे संवर्धन करणे आणि योग्य नियोजनपूर्वक वापर करून शेतीक्षेत्र भविष्यकाळासाठी विकसित करणे म्हणजेच 'शाश्वत शेती' होय.

3. आधुनिक काळात मानवाच्या बदलत्या गरजा पूर्ण करताना शेतीचे योग्य नियोजन, व्यवस्थापन व पर्यावरणाच्या दृष्टीने केलेला विकास म्हणजेच शाश्वत शेती होय.

4. नैसर्गिक साधनसंपत्तीबरोबरच आधुनिक तंत्रज्ञानाचा वापर करून उज्ज्वल भविष्यासाठी केली जाणारी शेती म्हणजेच शाश्वत शेती.

शाश्वत शेतीची आवश्यकता

शेती व्यवसायाचा उदय झाल्यापासून ते आजपर्यंत मानव हा शेती व्यवसाय करत आला आहे. त्याच शेतीचे स्वरूप दिवसेंदिवस बदलत आहे. पूर्वी फक्त उदरनिर्वाहासाठी शेती केली जायची. आज शेतीला व्यापारी महत्त्व प्राप्त झाले असून व्यापारी दृष्टिकोनातून व्यवसाय म्हणून शेती केली जाते. मानव आणि निसर्ग यांच्यामध्ये निकटचे नाते आहे. म्हणूनच मानव हा पूर्णपणे निसर्गावर अवलंबून आहे. मानवाच्या सर्व क्रिया या निसर्गावर अवलंबून असल्याने जमिनीची उत्पादकता दिवसेंदिवस टिकून आहे. ही उत्पादकता टिकविण्यासाठी नैसर्गिक साधनसंपत्तीची संवर्धनाबरोबरच खालील गोष्टींच्या आवश्यकतेसाठी शाश्वत कृषीची आवश्यकता आहे.

(1) निसर्गाचा समतोल राखण्यासाठी ः औद्योगिक क्रांतीनंतरच्या कालखंडात मानवाचा पर्यावरणातील हस्तक्षेप वाढला असून निसर्गाचा समतोल ढासळला आहे. या

निसर्गाच्या रक्षणासाठी शाश्वत कृषी या संकल्पनेची आवश्यकता आहे. मानवाची बदलती जीवनशैली आणि निसर्गाकडे बघण्याचा दृष्टिकोन यामुळेच पर्यावरणाची प्रचंड हानी झाली. याच कालखंडात मानवाने निसर्गावर आपले प्रभुत्व गाजविण्यास सुरुवात केली. मानवाने आपल्या स्वार्थापोटी निसर्गाचा भरपूर वापर केला पण निसर्गाच्या होणाऱ्या हानीकडे दुर्लक्ष केले त्यामुळेच निसर्गाचा समतोल राखण्यासाठी, निसर्गाला वाचविण्यासाठी शाश्वत कृषीची आवश्यकता आहे.

(2) कृषीविषयक पर्यावरणीय समस्या सोडविण्यासाठी : अलीकडच्या काळात कृषीमध्ये अमूलाग्र बदल झालेले दिसून येतात. यामध्ये वाढते तंत्रज्ञान, रासायनिक खतांचा वापर, कीटकनाशकांचा वापर व जास्तीत जास्त उत्पादन घेण्याच्या हेतुपोटी मृदेचे होणारे शोषण यामुळे मृदा, पाणी, हवा यांच्यामध्ये बदल झालेले दिसून येतात. वाढत्या रासायनिक खत व कीटकनाशकांच्या वापरामुळे मोठ्या प्रमाणात हवा प्रदूषण, मृदा प्रदूषण व जल प्रदूषण घडून येत आहे या समस्यांच्या अभ्यासासाठी व त्यांच्यावर निर्बंध घालण्यासाठी शाश्वत कृषीची गरज आहे. तसेच दिवसेंदिवस कमी होणारी कृषीखालील जमीन व खालावत जाणारी मृदेची पोषण क्षमता यांचा विचार केल्यास मोठ्या प्रमाणात शाश्वत कृषीची गरज दिसून येते.

(3) भविष्यकालीन कृषीच्या संरक्षणासाठी : कृषीव्यवसाय हा मानवाचा मूलभूत व मुख्य व्यवसाय मानला जातो. या व्यवसायामध्ये जगातील सुमारे 50% लोकसंख्या प्रत्यक्ष व अप्रत्यक्ष गुंतलेली आहे. त्याप्रमाणेच मानवाला लागणाऱ्या अन्नधान्याची निर्मिती ही प्रामुख्याने शेती या व्यवसायातून होते. त्यामुळे भविष्यकाळामध्ये कृषी व कृषीखालील जमिनी टिकून राहाव्यात तसेच त्या जमिनींचा पोषकपणा (उत्पादकता) टिकून राहावी यासाठी शाश्वत कृषीची गरज आहे. भविष्यामध्ये मानवजात तसेच सर्व सजीव सृष्टी टिकून राहण्याच्या दृष्टीने शाश्वत कृषीची गरज आहे.

(4) पाण्याच्या शाश्वत विकासासाठी : मानवी जीवनाची अन्न ही मूलभूत गरज ही शेती व्यवसायातून भागविली जाते. शेतीक्षेत्रातून उत्पादित होणारी तृणधान्ये, कडधान्ये, तेलबिया, डाळी, फळे, भाजीपाला इत्यादी विविध स्वरूपाची उत्पादने ही प्रामुख्याने शरीराला ऊर्जा निर्माण करण्यासाठी आवश्यक असणाऱ्या अन्नाची गरज भागवितात. या ऊर्जेच्या बळावरच मानव हा आपल्या कौशल्याचा वापर करून विकास करीत असतो. अशा कृषिक्षेत्राचा विकास होण्यासाठी पाणीपुरवठ्याची सोय असणे महत्त्वाचे असते. पाण्याबरोबरच हरित क्रांतीने कृषिक्षेत्रात आमूलाग्र बदल घडवून आणले. दुष्काळी भागात, वाळवंटी भागात जलसिंचन साधनांचा वापर करून शेतीव्यवसाय विकसित केला जातो व वाढत्या लोकसंख्येची अन्नधान्यांची गरज भागविली जाते. पाण्याविना शेतीचा विकास करता येत नाही. शेतीव्यवसायाला पाट पद्धतीने पाणी देण्याऐवजी ठिबक व तुषार सिंचन पद्धतीचा अवलंब करणे गरजेचे आहे. तसेच मिश्र पीकप्रणालीचा वापर करून शेती- व्यवसायाला होणारा अतिजलसिंचन पद्धतीचा वापर टाळून पाणथळ व क्षारफुटी जमिनीची

समस्या सोडविता येते. कोरड्या ऋतूत पाण्याची गरज भागविण्याकरिता शेततळे निर्माण करून शेतीचा विकास चांगल्या प्रकारे करता येतो. पूर अवर्षण (दुष्काळ) स्थिती निर्माण होऊ नये म्हणून जमिनीचे सपाटीकरण, वृक्षारोपण, पाणलोट क्षेत्र विकसित करणे, पावसाचे पाणी साठवून जमिनीत मुरविणे, मातीचे संरक्षण करणे, धूप थांबविणे, रासायनिक खतांऐवजी सेंद्रिय खतांचा वापर करणे आणि पडीक जमिनीचा विकास या सर्व गोष्टी शाश्वत शेतीच्या विकासाबरोबर जलसंवर्धन करून केल्या पाहिजेत. कृषिक्षेत्रात पाण्याचा वापर मोठ्या प्रमाणात केला जात आहे. शाश्वत कृषीद्वारे यावर निर्बंध येऊ शकतो त्यामुळे पाण्याच्या शाश्वत विकासासाठी कृषीच्या शाश्वत विकासाची गरज आहे.

अलीकडच्या काळात पाण्याचा वापर जास्त व उपलब्ध पाण्याचे प्रमाण कमी असा असमतोल निर्माण होत आहे. म्हणून जलसिंचन क्षेत्रातून पाण्याच्या वापराचे नियोजन करणे व पाणी जपून वापरणे गरजेचे आहे. मर्यादेपेक्षा जास्त व मर्यादेपेक्षा कमी पाण्याचा वापर केल्याने शेती व्यवसायावर, पिकांवर परिणाम होत असतात. पिकांची वाढ होत नाही. उत्पादन घटते म्हणून पाणी योग्य प्रमाणात गरजेइतकेच देणे आवश्यक असते. जलसिंचनाच्या साहाय्याने शेती करताना मूळ उद्देश हाच असतो की, शेतीला क्षमतेनुसार योग्य प्रमाणात पाणी देणे आणि कमीत कमी पाण्याचा वापर करून जास्तीत जास्त उत्पादन मिळविणे. म्हणजेच शेतीचा शाश्वत विकास करीत असताना पाण्याची उपलब्धता, आर्थिक क्षमता, पर्यावरणाचे संरक्षण, पाण्याचा जपून वापर इत्यादी घटकांचा प्रथम विचार करावा लागतो. त्यानुसार पाण्याचे योग्य व्यवस्थापन करून जलसंवर्धन करणे गरजेचे आहे. या सर्व गोष्टींसाठी शाश्वत कृषीची गरज दिसून येते.

(5) **मानवी आरोग्यासाठी :** मानवाचे आरोग्य हे मानवाच्या आहारावर अवलंबून असते. आणि मानवाचा आहार हा प्रामुख्याने कृषी व्यवसायातून निर्माण होणाऱ्या अन्नधान्यावर अवलंबून असतो. त्यामुळे मानवाचे आरोग्य समतोल व चांगले राहण्यासाठी चांगल्या प्रतीच्या अन्नधान्याची किंवा कृषीच्या उत्पादनांची गरज असते. त्यामुळे शाश्वत कृषीमध्ये सेंद्रिय शेतीला महत्त्व आहे आणि सेंद्रिय शेती ही उच्च प्रतीच्या अन्नधान्याची किंवा उत्पादनांची निर्मिती करते त्यामुळे भविष्यकालीन मानवाच्या आरोग्यासाठी शाश्वत कृषीची गरज आहे.

शाश्वत शेतीसाठी राष्ट्रीय अभियान

(NMSA)(National Mission for Sustainabl' Agriculture)

भारतातील शेतीक्षेत्रातील व प्रामुख्याने शेतकऱ्यांच्या विकासासाठी या अभियानाची सुरुवात 2010 साली करण्यात आली आहे.

हे अभियान कृषी उत्पादकता वाढविण्यासाठी तयार करण्यात आले आहे. हे अभियान विशेषतः पर्जन्य आधारित भागांसाठी एकात्मिक शेती, पाण्याचा कार्यक्षमतेने वापर, मातीचे आरोग्य व व्यवस्थापन आणि साधनसंपत्तीचे संवर्धन याउद्देशाने आयोजित करण्यात आले आहे.

उद्दिष्टे :

1. शेती अधिक उत्पादनक्षम, शाश्वत, फायदेशीर आणि हवामानाशी जुळवून घेणारी करण्यासाठी संमिश्र शेतीपद्धतीचा प्रसार.

2. माती व साधनसंपत्ती संवर्धन.

3. मृदेच्या व्यापक आरोग्य व्यवस्थापन पद्धतीचा अवलंब करणे.

4. पाण्याचे कार्यक्षम व्यवस्थापन करणे.

5. हवामान व शेतीसंबंधीच्या माहितीचा प्रसार करणे.

6. (MGNREGS) महात्मा गांधी नॅशनल रुरल एम्प्लॉयमेंट गॅरंटी स्किम, (IWMP) इंटीग्रेटेड वॉटर मॅनेजमेंट प्रोग्राम इत्यादी उपक्रम अभियानाद्वारे प्रसार करणे.

7. सरकार व शेतकरी समन्वय साधण्यासाठी प्रोत्साहन देणे.

धोरणे :

1. एकात्मिक शेतीप्रणालीचा प्रसार करणे.

2. खाद्य सुरक्षा निश्चित करणे आणि पिकांचे नुकसान झाल्यास उप-उत्पादन प्रणालीद्वारे जोखीम कमी करणे.

3. नैसर्गिक आपत्तीपासून बचाव करण्याच्या सुविधा उपलब्ध करणे.

4. तंत्रज्ञानाच्या प्रभावी वापराद्वारे उपलब्ध पाण्याच्या स्रोतांचे व्यवस्थापन आणि पाण्याचा कार्यक्षमतेने वापर करणे.

5. कृषी उत्पादकता वाढविण्यासाठी प्रोत्साहन देणे.

6. मातीचा दर्जा वाढविण्यासाठी उपाययोजना करणे.

7. पाणीधारण क्षमता वाढविणे.

8. जमिनीच्या वापराचे सर्वेक्षण, मृदेचा अभ्यास आणि मृदेचे विश्लेषण करून मृदेच्या स्रोतावरील माहितीचा GIS प्रणालीद्वारे डाटा बेस तयार करणे.

9. खतांचा योग्य वापर करण्यासाठी व्यवस्थापन प्रणाली राबविणे.

10. ज्ञानसंस्था आणि व्यावसायिकांना सहभागी करून, विशिष्ट कृषी हवामान घटनांमुळे होणाऱ्या बदलांची तीव्रता कमी करणाऱ्या आणि त्याच्याशी जुळवून घेणाऱ्या योग्य शेतीप्रणालीद्वारे प्रोत्साहन देणे.

स्वाध्याय

● ● ●

❀ योग्य पर्याय निवडून खालील विधाने पूर्ण करा.

1. .... ही कृषी प्रादेशिकरणाची पद्धत नाही.

    (अ) पीक संयोग   (ब) पीक विविधता

    (क) पीक उत्पादकता   (ड) पीकपद्धती

2. जे.सी. व्हीवर यांनी .... साली पीक संगती पद्धत मांडली.

   (अ) 1954   (ब) 1962

   (क) 1959   (ड) 1965

3. 1959 साली ....शास्त्रज्ञाने कमीत कमी विचलन पद्धत मांडली.

   (अ) डोई   (ब) जे.सी. व्हीवर

   (क) सॉव्हर   (ड) जॉन्सन

4. सी.डी. भाटीया यांनी .... साली पीक विविधता पद्धत मांडली.

   (अ) 1965   (ब) 1959   (क) 1985   (ड) 1962

5. कृषीच्या समस्या अनेक असून .... ही भौगोलिक समस्या आहे.

   (अ) जंगलांची वाढ   (ब) नैसर्गिक आपत्ती

   (क) जैविक तंत्रज्ञान   (ड) साक्षरता

6. भारतात जमिनीचे तुकडीकरण हे शेतीस .... ठरते.

   (अ) वरदान   (ब) घातक   (क) फायद्याचे   (ड) पोषक

7. .... साठी शाश्वत कृषीची गरज आहे.

   (अ) पर्यावरण समतोल   (ब) मानवी आरोग्य

   (क) भविष्यकालीन विकास   (ड) वरीलपैकी सर्वत्र

☯ **टीपा लिहा.**

1. कृषी प्रादेशिकरण   2. कृषीच्या समस्या

3. कृषीच्या प्राकृतिक समस्या   4. कृषीच्या आर्थिक समस्या

5. पीक विविधता   6. पीक संयोग

8. शाश्वत कृषी

☯ **दीर्घोत्तरी प्रश्न**

1. कृषी प्रादेशिकरणाच्या पद्धती स्पष्ट करा.

2. कृषीच्या समस्या थोडक्यात सांगा.

3. शाश्वत कृषीची आवश्यकता स्पष्ट करा.

★★★

प्रात्यक्षिक
(Practical)

भूगोलाच्या अभ्यासामध्ये प्रादेशिक, वितरणात्मक व तुलनात्मक अभ्यास अत्यंत महत्त्वाचा असतो. या अभ्यासामध्ये नकाशे, आकृत्या व आलेख महत्त्वाची भूमिका बजावतात. कोणत्याही प्रदेशातील उत्पादने, वितरण क्षेत्र व क्षमता ही आकड्यात किंवा अंकात सांगितली जाते. या आकड्यांमुळे किंवा अंकांमुळे अभ्यासकांचा गोंधळ निर्माण होतो. याच आकडेवारीचे रूपांतर आकृत्या, आलेख, नकाशे, चिन्ह यांद्वारे दर्शविल्यास त्या माहितीचे आकलन चटकन होते. भूगोलाचा अभ्यास करत असताना भूगोलातील अनेक गोष्टींचा एकत्रित विचार करून त्यामधील परस्परसंबंध दर्शविणे गरजेचे असते. यासाठी ठराविक आकडेवारी नकाशात किंवा आकृत्यांच्या साहाय्याने दर्शविता येते, म्हणून भौगोलिक घटकांच्या अभ्यासात आकृत्या व नकाशांना मोलाचे स्थान आहे.

या प्रकरणात आपण रेषालेख, स्तंभालेख, विभाजित वर्तुळ व प्रमाणबद्ध चौरस या घटकांचा अभ्यास करणार आहोत.

4.1 रेषालेख (Line Graph)

रेषालेखाचे अनेक उपप्रकार आहेत. यामध्ये साधा रेषालेख, बहुरेषालेख, पट्टी रेषालेख किंवा संयुक्त रेषालेख व रेषा व स्तंभालेख यांचा समावेश होतो.

4.1.1 साधा रेषालेख (Simple Line Graph)

व्याख्या

* ''कोणत्याही दोन भौगोलिक घटकातील कालसापेक्ष बदल आलेख कागदावर योग्य प्रमाणानुसार बिंदूंच्या साहाय्याने निश्चित करून ते रेषेच्या साहाय्याने जोडल्यास तयार होणाऱ्या आलेखास किंवा आकृतीस 'साधा रेषालेख' असे म्हणतात.''

काढण्याची पद्धत

आलेख कागदावर आडव्या अक्षावर ('क्ष' अक्षावर) कालमापन म्हणजेच दिवस, महिने, वर्ष इत्यादी आणि उभ्या अक्षावर ('य' अक्षावर) परिमाण म्हणजेच संख्या किंवा आकडेवारी दर्शविली जाते. दिलेली आकडेवारी विषम स्वरूपाची असल्यास, ती थोड्या प्रमाणात सम किंवा स्थूलमानाने घेऊन कमीत कमी व जास्तीत जास्त आकडेवारीचा विचार करून प्रमाण निश्चित करावे. प्रमाण निश्चित केल्यावर दिलेल्या आकडेवारीवरून प्रमाणाच्या साहाय्याने बिंदू घेऊन ते एकमेकांस जोडावेत. बिंदू हे पट्टीने किंवा हाताने जोडावेत.

उपयोग

साध्या रेषालेखाच्या साहाय्याने प्रामुख्याने विविध कालखंडातील भौगोलिक माहिती दर्शविली जाते. या आलेखाचा उपयोग प्रामुख्याने कालसापेक्ष बदल असलेली आकडेवारी दाखविण्यासाठी होतो. उदा., दिवस, महिने, वर्षे इत्यादी साध्या रेषालेखाद्वारे तापमान, वायुभार, लोकसंख्या, कृषी उत्पादन व वितरण इत्यादी घटकांची आकडेवारी दर्शविणे सुलभ ठरते.

गुण – दोष

गुण

1. हा आलेख काढण्यासाठी सोपा असून यावरून कालमापनाची कल्पना येते.
2. साध्या रेषालेखावरून किमान व कमाल आकडेवारीचे परिमाण स्पष्ट होतात.
3. भौगोलिक आकडेवारी दाखविण्यासाठी सर्वांत जास्त वापर होतो.
4. आकडेवारीतील असलेले बदल चटकन लक्षात येतात.

दोष

1. आकडेवारी स्थूलमानाने घेतल्यास मूळ आकडेवारी व आलेख यामध्ये फरक जाणवतो.
2. आलेखातील बदल समजण्यासाठी आकडेवारीचा अक्ष पाहावा लागतो.
3. साधा रेषालेख आकर्षक दिसत नाही.

उदाहरण : 1951 ते 2011 या कालावधीतील महाराष्ट्रातील साक्षरता दर (टक्केवारीमध्ये)

वर्ष	साक्षरता दर (टक्केवारीमध्ये)
1951	27.91
1961	35.08
1971	45.77
1981	57.24
1991	64.87
2001	76.88
2011	82.3

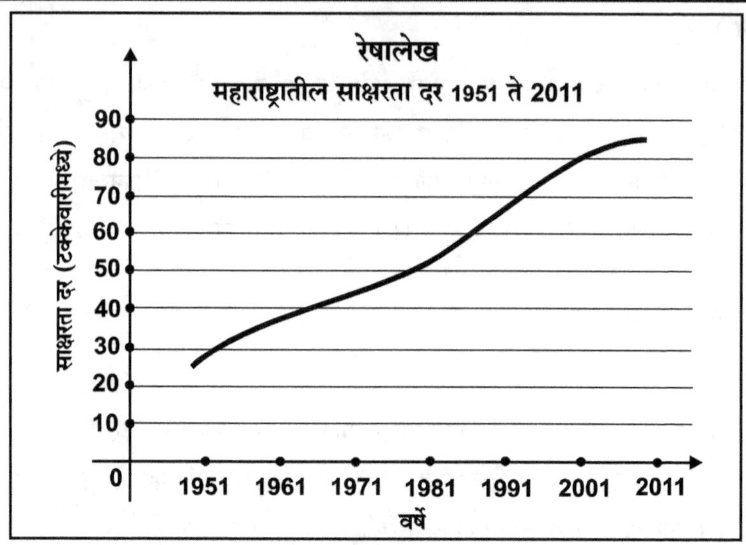

रेषालेख : महाराष्ट्रातील साक्षरता दर 1951 ते 2011

4.1.2 बहुरेषालेख (Multiple Line Graph or Polygraph)

व्याख्या

* *''ज्या वेळी एकापेक्षा जास्त भौगोलिक घटकातील कालसापेक्ष बदल आलेख कागदावर रेषांच्या साहाय्याने योग्य प्रमाणानुसार दाखविला जातो, त्या आलेखास 'बहुरेषालेख' असे म्हणतात''*

काढण्याची पद्धत

साध्या रेषालेखाप्रमाणेच हा रेषालेख काढला जातो. यामध्ये आडव्या आसावर म्हणजेच 'क्ष' अक्षावर कालमान (तास, दिवस, महिने, वर्षे इत्यादी) आणि उभ्या आसावर म्हणजेच 'य' अक्षावर परिमाण (आकडेवारी) दर्शविली जाते. तसेच दिलेल्या सर्व आकडेवारीसाठी एकच प्रमाण घ्यावे तसेच दिलेल्या आकडेवारीमधील जास्तीत जास्त व कमीत कमी संख्येचा विचार करून प्रमाण घ्यावे. प्रमाण निश्चित केल्यावर दिलेल्या आकडेवारीनुसार बिंदू घेऊन ते बिंदू रेषांनी एकमेकांना जोडावेत. यामध्ये अनेक रेषा असल्याने त्या रेषा वेगवेगळ्या रंगाने किंवा शेडिंगने दर्शवाव्यात व त्याप्रमाणे सूची तयार करावी.

उपयोग

बहुरेषालेखाचा उपयोग एकापेक्षा अनेक भौगोलिक आकडेवारीतील कालसापेक्ष बदल दर्शविण्यासाठी होतो. उदा., विविध शहरांचे तापमान, वायुभार, आर्द्रता, विविध जिल्हे किंवा

देशांची लोकसंख्या, एकाच ठिकाणच्या विविध पिकांचे उत्पादन किंवा वितरण तसेच निरनिराळ्या वर्षांतील खनिजांचे उत्पादन इत्यादी.

गुण – दोष

गुण

1. या आलेखावरून कालमानाची स्पष्ट कल्पना येते व परिमाणातील बदल चटकन लक्षात येतात.

2. या आलेखाद्वारे दोन किंवा त्यापेक्षा जास्त घटक असल्याने त्यांची तुलना करता येते.

3. बहुरेषालेख तयार करण्यास सोपे असून ते आकर्षक दिसतात.

दोष

1. आकडेवारी स्थूलमानाने घेतल्यामुळे मूळ आकडेवारी व आलेख यामध्ये फरक जाणवतो.

2. अनेक घटक असल्याने विविध रेषा एकमेकांत मिसळल्यास गुंतागुंत निर्माण होते व आलेख समजण्यास अवघड जातो.

3. सूची पाहून आकडेवारी किंवा परिमाणांचे चढ–उतार पाहावे लागतात.

उदाहरण :

महाराष्ट्रातील डाळिंबाचे क्षेत्र, उत्पादन व उत्पादकता (2003-2016)

अ.क्र.	वर्षे	क्षेत्र %	उत्पादन %	उत्पादकता (MT/HA)
1.	2003-04	86.99	80.76	6.32
2.	2004-05	78.95	71.02	6.42
3.	2005-06	81.03	73.28	6.52
4.	2006-07	79.24	73.35	6.43
5.	2007-08	77.07	68.53	6.18
6.	2008-09	78.47	67.90	6.71
7.	2009-10	78.18	68.16	5.62
8.	2010-11	76.42	66.21	6.00
9.	2011-12	70.89	61.44	5.83
10.	2012-13	69.03	53.68	5.23

(क्रमशः)

अ.क्र.	वर्षे	क्षेत्र %	उत्पादन %	उत्पादकता (MT/HA)
11.	2013-14	68.70	68.23	10.50
12.	2014-15	54.77	73.41	13.25
13.	2015-16	65.17	64.45	11.57

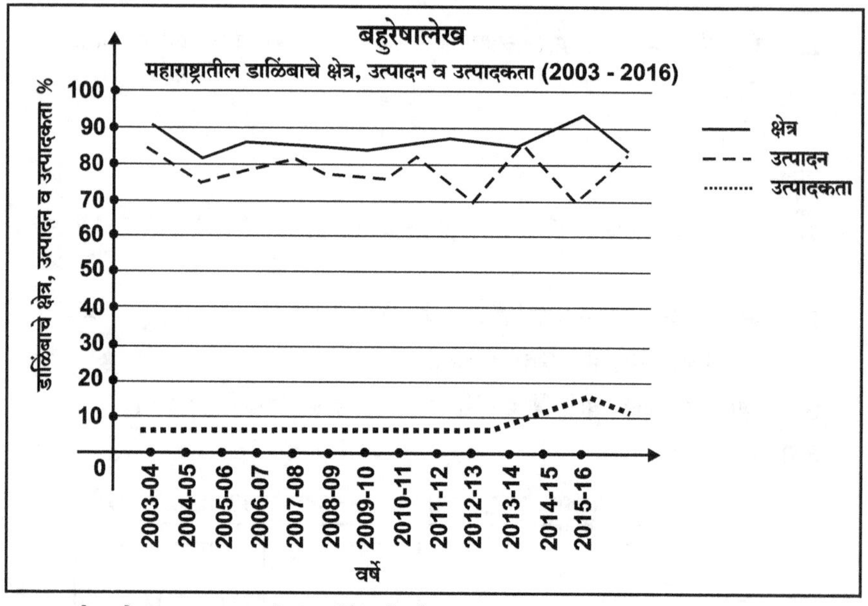

बहुरेषालेख : महाराष्ट्रातील डाळिंबाचे क्षेत्र, उत्पादन व उत्पादकता (2003-2016)

4.1.3 पट्टी रेषालेख किंवा संयुक्त रेषालेख
(Band Graph / Compound Line Graph)

व्याख्या

❋ ‘‘एकाच आलेख कागदावर भौगोलिक घटक व त्याचे उपघटक दर्शविण्यासाठी बिंदूंच्या साहाय्याने रेषा जोडल्या जातात व दोन रेषांमधील भागास रंगछटा किंवा शेडिंग दिले जाते, या आलेखास ‘पट्टी आलेख किंवा संयुक्त रेषालेख’ असे म्हणतात.’’

काढण्याची पद्धत

या आलेखामध्ये एकाच प्रमाणावर सर्व घटकांचे मूल्य दर्शविले जाते. यामध्ये सर्व घटकांची बेरीज करून एकूण घटकासाठी प्रमाण निवडून त्यातील प्रत्येक घटक प्रमाणानुसार

वेगवेगळा दर्शविला जातो. यातील प्रत्येक घटक पट्टीच्या स्वरूपात रंगछटांनी किंवा शेडिंगने दर्शविला जातो. या आलेखात आडव्या आसावर म्हणजेच 'क्ष' अक्षावर कालमान किंवा कालावधी व उभ्या आसावर म्हणजेच 'य' अक्षावर परिमाण (आकडेवारी) दर्शविली जाते. या आलेखात उपघटक पट्ट्याप्रमाणे दिसतात म्हणून त्यास 'पट्टालेख' किंवा 'पट्टी रेषालेख' असे म्हणतात.

उपयोग

या आलेखाद्वारे एखाद्या प्रदेशातील किंवा देशातील वेगवेगळ्या भौगोलिक घटकांचे स्वरूप दर्शविता येते. उदा., कृषी उत्पादन, लोकसंख्या, आयात-निर्यात, खनिज उत्पादने, पिकांचे वितरण इत्यादी.

गुण - दोष

गुण

1. संयुक्त रेषालेख किंवा पट्टीलेख अधिक सुस्पष्ट असतात.
2. उपघटकांचा तुलनात्मक अभ्यास करता येतो.
3. उपघटक छायांकित केल्याने/रंगछटा दर्शविल्याने उपघटकातील चढ-उतार चटकन लक्षात येतात.

दोष

1. सांख्यिकी आकडेवारीच्या उपघटकांनुसार आकडेवारी व आलेखातील आकडेवारी यामध्ये तफावत जाणवते.
2. आलेख काढण्यास क्लिष्ट व वेळखाऊ आहे.

उदाहरण :

पश्चिम महाराष्ट्रातील गव्हाचे उत्पादन (टन)

अ.क्र.	जिल्हा	1980-81	1990-91	2000-01	2010-11
1.	पुणे	23,000	58,900	89,700	1,29,600
2.	सातारा	19,000	24,000	32,200	49,000
3.	सांगली	14,500	19,800	25,000	32,400
4.	सोलापूर	10,200	18,800	20,000	28,800
5.	कोल्हापूर	2,800	3,500	5,200	4,500
	एकूण	69,500	1,25,000	1,72,100	2,44,300

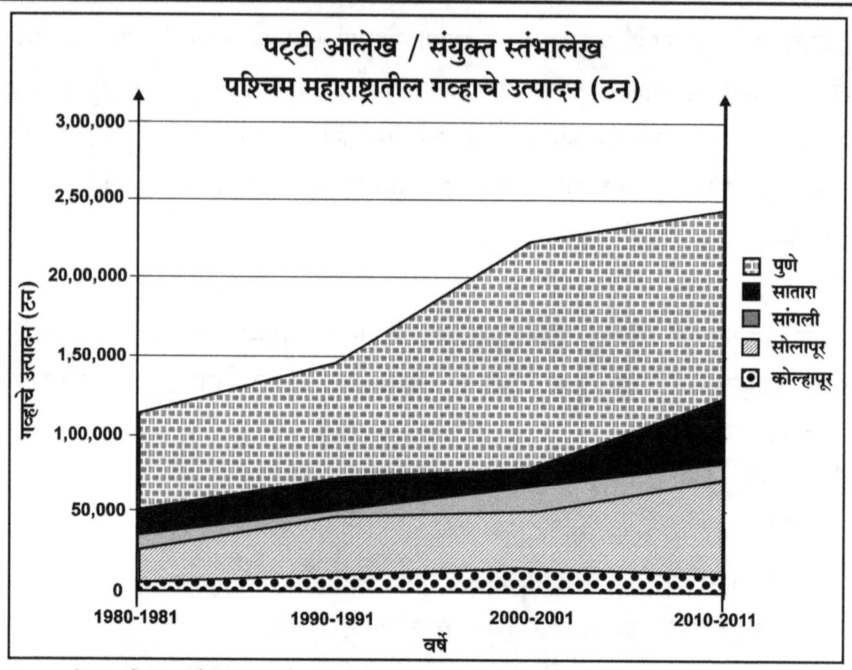

पट्टी आलेख/संयुक्त स्तंभालेख : पश्चिम महाराष्ट्रातील गव्हाचे उत्पादन (टन)

4.1.4 रेषा व स्तंभालेख (Line and Bar Graph)

व्याख्या

✻ ''एकाच आलेखात भौगोलिक उपघटकांचे दोन उपघटक दर्शवित असताना एक उपघटक रेषेने व दुसरा उपघटक स्तंभाच्या साहाय्याने दर्शविला जातो या आलेखास 'रेषा व स्तंभालेख' असे म्हणतात''

काढण्याची पद्धत

रेषा व स्तंभालेख तयार करताना दोन घटक दर्शविले जातात. यामध्ये आडव्या अक्षावर (क्ष) कालमान दर्शविले जाते. तर उभ्या अक्षावर (य) परिमाण दर्शविले जाते. या आलेखात आलेखाच्या दोन्ही बाजूला उभे 'य' अक्ष काढले जातात उदा., महिन्याचे तापमान व पर्जन्य दर्शवियाचे असल्यास आलेख कागदाच्या तिन्ही बाजूचा वापर करावा लागतो. 'क्ष' अक्षावर महिन्यांची नावे, 'य' अक्षावर डावीकडे तापमानाचे आकडे व उजव्या बाजूस पर्जन्याचे आकडे दर्शवावे लागतात. यामध्ये प्रत्येक घटकांसाठी स्वतंत्र प्रमाण घ्यावे लागते. हा आलेख काढताना नेहमीप्रमाणे रेषालेखासाठी योग्य प्रमाणानुसार बिंदू घेऊन ते रेषेच्या साहाय्याने जोडावेत. तसेच दुसऱ्या घटकासाठी स्तंभ तयार करताना योग्य प्रमाण घेऊन स्तंभ तयार करावेत व त्यांना योग्य प्रकारचे रंग किंवा शेडिंग करावे.

उपयोग

या आलेखाचा उपयोग प्रामुख्याने हवामानातील घटक एकत्रित दर्शविण्यासाठी केला जातो. उदा., तापमान व पर्जन्य. तसेच कृषीच्या विविध उत्पादनांचे व उत्पादकतेचे किंवा क्षेत्राचे वितरण दर्शविण्यासाठी सुद्धा या आलेखाचा उपयोग केला जातो.

गुण – दोष

गुण

1. एकाच आलेख कागदावर दोन घटक दर्शविता येतात व त्यांच्यातील सहसंबंध अभ्यासता येतो.

2. घटक मूल्याच्या परिमाणातील चढ-उताराची कल्पना चटकन लक्षात येते.

3. प्रामुख्याने हवामानातील घटकाचा अभ्यास करण्यासाठी मोठ्या प्रमाणात वापर केला जातो.

4. आलेख दिसण्यास आकर्षक असल्याने मोठ्या प्रमाणात वापर होतो व सर्वसामान्य अभ्यासकांना चटकन लक्षात येतो.

दोष

1. आकडेवारी स्थूलमानाने घेतल्यास मूळ आकडेवारी व आलेख यामध्ये फरक जाणवतो.

2. दोन्ही घटकांच्या आकडेवारीत जास्त फरक नसल्यास आलेखातील स्तंभ व रेषा एकावर एक येऊन आलेखात गुंतागुंतीची समस्या निर्माण होते.

3. कमीत कमी आकडेवारी व जास्तीत जास्त आकडेवारी यामध्ये मोठी तफावत असल्यास आलेख काढण्यास अडचणी निर्माण होतात.

उदाहरण :

सातारा जिल्ह्यातील तापमान व पर्जन्याचे वितरण

अ.क्र.	महिने	तापमान (0 से.ग्रे.)	पर्जन्य (से.मी.)	अ.क्र.	महिने	तापमान (0 से.ग्रे.)	पर्जन्य (से.मी.)
1.	जानेवारी	20	0.3	7.	जुलै	28	28
2.	फेब्रुवारी	25	0.2	8.	ऑगस्ट	29	25.0
3.	मार्च	32	3.0	9.	सप्टेंबर	28	18.0
4.	एप्रिल	36	7.8	10.	ऑक्टोबर	31	12.0
5.	मे	38	10.10	11.	नोव्हेंबर	25	3.0
6.	जून	30	28.0	12.	डिसेंबर	22	0.1

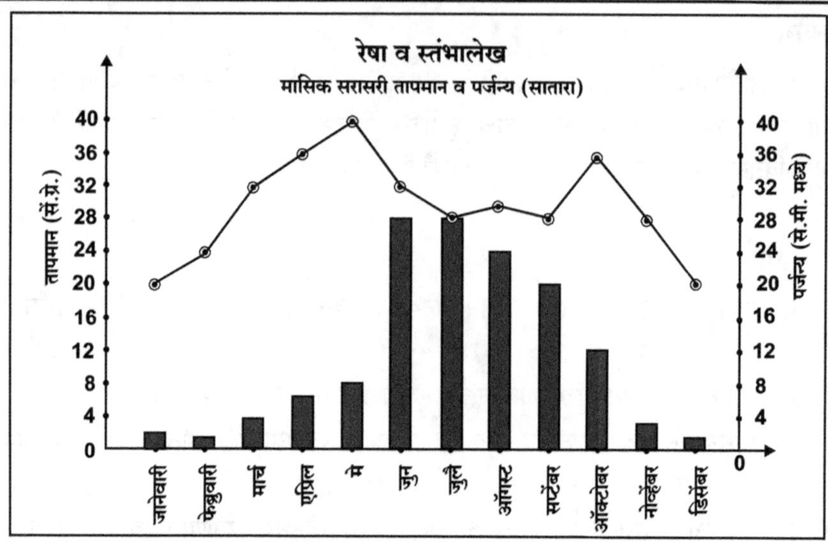

रेषा व स्तंभालेख : मासिक सरासरी तापमान पर्जन्य (सातारा)

4.2 स्तंभालेख (Bar Graph)

आलेख कागदावर भौगोलिक आकडेवारी बिंदूंच्या साहाय्याने निश्चित करून समान जाडीच्या स्तंभाद्वारे समान अंतर घेऊन दर्शविल्यास तयार होणाऱ्या आलेखास स्तंभालेख असे म्हणतात. स्तंभालेख काढणे ही अगदी सोपी व आकर्षक पद्धत आहे. यामध्ये स्तंभ हे उभ्या किंवा आडव्या अक्षावर घेता येतात. यानुसार, स्तंभालेखाचे उभा स्तंभालेख व आडवा स्तंभालेख असे दोन प्रकार पडतात. स्तंभ हे योग्य प्रमाणात दिलेल्या आकडेवारीवरून काढले जातात.

स्तंभालेखाचे साधा स्तंभालेख, जोड स्तंभालेख, संयुक्त स्तंभालेख व शतप्रमाण स्तंभालेख असे चार प्रकार पडतात.

4.2.1 साधा स्तंभालेख (Simple Bar Graph)

व्याख्या

❋ ''आलेख कागदावर भौगोलिक घटक योग्य प्रमाणाद्वारे बिंदूंच्या साहाय्याने निश्चित करून सारख्या जाडीच्या स्तंभाने समान अंतरावर दर्शविला जातो त्या आलेखास साधा स्तंभालेख असे म्हणतात.

काढण्याची पद्धत

हा आलेख काढताना समान जाडीच्या स्तंभाच्या साहाय्याने घटकांच्या आकडेवारीतील फरक दर्शविला जातो. या आलेखात आडव्या आसावर ('क्ष' अक्षावर) कालमान किंवा

जिल्हा, राज्य, देश इत्यादी नावे येतात. तसेच काही वेळा कालखंड ही घेतला जातो. तसेच उभ्या आसावर ('य' अक्षावर) विविध भौगोलिक घटकांची उत्पादन, संख्या, आकडेवारी (परिमाण) दर्शविले जाते. विविध भौगोलिक आकडेवारी किंवा सांख्यिकीय आकडेवारी दर्शविण्यासाठी स्तंभालेख अतिशय उपयुक्त ठरतात. स्तंभ काढताना स्तंभाची जाडी नेहमी $\frac{1}{2}$ से.मी. ते 1.5 से.मी. एवढी असावी तसेच दोन स्तंभामधील अंतर हे $\frac{1}{2}$ से.मी. ते 1 से.मी. असावे. कधी-कधी स्तंभाची संख्या जास्त असल्यास स्तंभ हे जोडून काढले जातात. स्तंभ काढताना स्तंभाच्या मधोमध 'क्ष' अक्षावर कालमान किंवा कालखंड येईल या पद्धतीने स्तंभ काढावा. प्रमाण घेताना जास्तीत जास्त व कमीत कमी आकडेवारीचा विचार करावा.

उपयोग

साधा स्तंभालेख हा सर्व भौगोलिक घटकांचे मूल्य किंवा आकडेवारी दर्शविण्यासाठी उपयुक्त ठरतो. त्यामुळे निरनिराळ्या वर्षातील पिके, खनिजे, वने व औद्योगिक उत्पादने, लोकसंख्या, कृषी उत्पादकता, प्रादेशिक लोकसंख्या, वार्षिक लोकसंख्या, आयात-निर्यात, एकाच वर्षातील निरनिराळ्या पिकांचे व खनिजांचे उत्पादन इत्यादी गोष्टी दर्शविण्यासाठी साध्या स्तंभालेखाचा उपयोग होतो.

गुण – दोष

गुण

1. यावरून निरनिराळ्या घटकांच्या परिमाणांची स्पष्ट कल्पना येते.

2. भौगोलिक घटकांचे स्वरूप सहज लक्षात येते.

3. आलेख आकर्षक असल्याने सर्वसामान्य अभ्यासकांना चटकन लक्षात येतो.

4. स्तंभाच्या आकारावरून परिमाणांची स्पष्ट कल्पना येते.

दोष

1. आकडेवारी स्थूलमानाने घेतल्यास मूळ आकडेवारी व आलेख यांच्यामध्ये तफावत जाणवते.

2. स्तंभ काढणे वेळखाऊ पद्धत आहे.

3. दिलेल्या आकडेवारीमध्ये जास्तीत जास्त व कमीत कमी संख्येमध्ये जास्त तफावत असल्यास प्रमाण घेण्यास अडचणी निर्माण होतात.

उदाहरण :

जत जालुक्यातील डाळिंबाची निर्यात (2011-2016)

अ.क्र.	वर्षे	निर्यात (मे. टन)
1.	2011-12	69.30
2.	2012-13	70.19
3.	2013-14	91.20
4.	2014-15	87.18
5.	2015-16	102.20

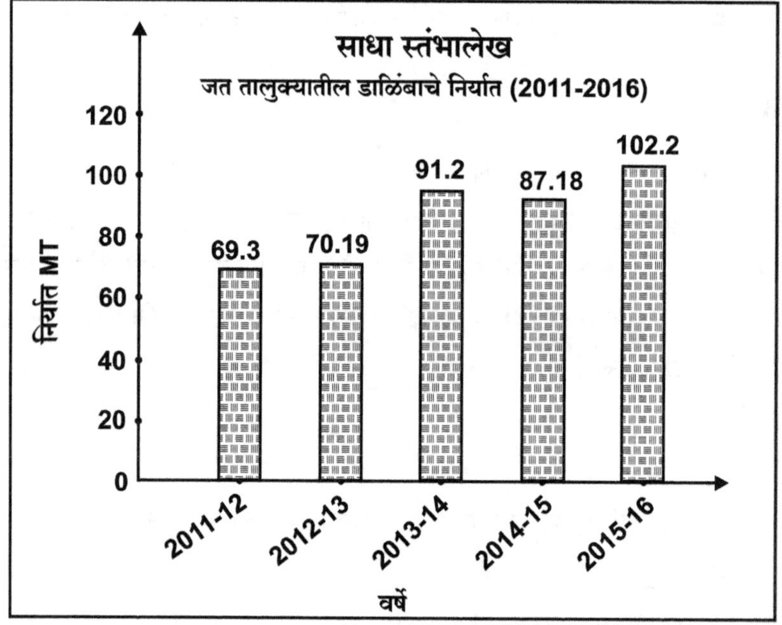

साधा स्तंभालेख : जत तालुक्यातील डाळिंबाची निर्यात (2011-16)

4.2.2 जोड स्तंभालेख/बहुस्तंभालेख (Joint Bar Graph)

व्याख्या

❋ ''दोन किंवा तीन भौगोलिक घटक एकाच आलेख कागदावर दाखविण्यासाठी जोडून काढलेल्या स्तंभाच्या आलेखास 'जोड स्तंभालेख' असे म्हणतात.

काढण्याची पद्धत

साध्या स्तंभालेखाप्रमाणेच या आलेखात आडव्या आसावर म्हणजेच 'क्ष' अक्षावर कालमान, कालखंड किंवा घटकांची नावे दर्शविली जातात. तर उभ्या आसावर म्हणजेच 'य'

अक्षावर परिमाण (संख्या किंवा आकडेवारी) दर्शविले जाते. या आलेखात 2 किंवा 3 घटकांची आकडेवारी दर्शविली जाते. मात्र प्रमाण एकच घ्यावे लागते. प्रमाण घेताना जास्तीत जास्त व कमीत कमी संख्येचा विचार करावा. यामध्ये स्तंभाची जाडी $\frac{1}{2}$ से.मी. ते 1.5 से.मी. एवढी ठेवावी तसेच दोन घटकांचे स्तंभ एकमेकांना जोडून काढावेत. जोडून काढलेल्या स्तंभामधील अंतर शक्यतो $\frac{1}{2}$ से.मी. ते 1 से.मी. एवढे असावे. प्रत्येक घटकांच्या स्तंभाना वेगवेगळे रंग किंवा शेडिंग केल्यास घटकातील फरक स्पष्ट होतो यासाठी वेगळी सूची करावी लागते.

उपयोग

या आलेखाचा जनगणनेनुसार ग्रामीण व शहरी लोकसंख्या, स्त्री-पुरुष प्रमाण, साक्षरता-निरक्षरता, व्यापार, आयात-निर्यात, विविध पिकांचे उत्पादन व क्षेत्र, कृषी उत्पादकता, खनिजांचे उत्पादन, उपलब्ध साधनसंपत्ती इत्यादी यांसारखी आकडेवारी दाखविण्यासाठी उपयोग होतो.

गुण - दोष

गुण

1. सर्वांत सोपा व समजण्यास सुलभ असा आलेख आहे.

2. एकाच आलेखात 2 किंवा 3 भौगोलिक घटक दर्शविल्याने तुलनात्मक अभ्यास करता येतो.

3. स्तंभामुळे परिमाणांची स्पष्ट कल्पना येते.

4. आलेख आकर्षक व बोलका असल्याने त्याचा वापर मोठ्या प्रमाणात केला जातो.

दोष

1. आलेख काढण्यास वेळ लागतो.

2. दिलेल्या 2 किंवा 3 घटकांच्या आकडेवारीमध्ये मोठी तफावत असल्यास प्रमाण घेण्यास व आलेख काढण्यास समस्या निर्माण होतात.

3. आकडेवारी लांबलचक म्हणजेच कालमानाची संख्या जास्त असल्यास आलेख काढणे कठीण जाते.

उदाहरण : 1961 ते 2011 या कालावधीतील महाराष्ट्रातील लिंग-गुणोत्तर

अ.क्र.	वर्षे	महाराष्ट्र	भारत	अ.क्र.	वर्षे	महाराष्ट्र	भारत
1.	1961	936	941	4.	1991	934	927
2.	1971	930	930	5.	2001	922	933
3.	1981	937	934	6.	2011	929	943

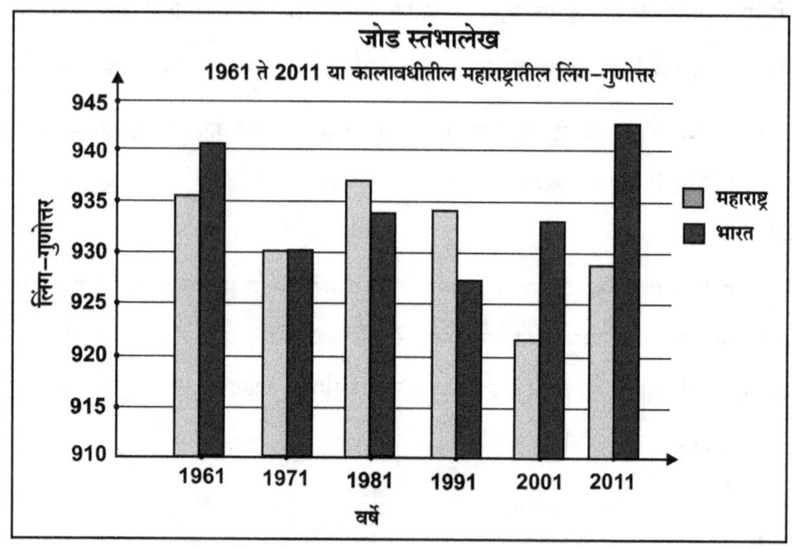

जोड स्तंभालेख : 1961 ते 2011 या कालावधीतील लिंग-गुणोत्तर

4.2.3 संयुक्त स्तंभालेख/विभाजित स्तंभालेख
(Compound Bar Graph)

व्याख्या

❈ ''एकाच आलेख कागदावर एकाच स्तंभामध्ये दोन किंवा दोनपेक्षा जास्त भौगोलिक घटकांचे मूल्य किंवा आकडेवारी योग्य प्रमाणाच्या साहाय्याने विभाजित करून काढली जाते, त्या आलेखास 'संयुक्त स्तंभालेख किंवा विभाजित स्तंभालेख' असे म्हणतात.''

काढण्याची पद्धत

या आलेखामध्ये पूर्वीच्या स्तंभालेखाप्रमाणेच आडव्या आसावर म्हणजेच 'क्ष' अक्षावर कालमान किंवा कालखंड दर्शविले जाते तर उभ्या आसावर म्हणजेच 'य' अक्षावर परिमाण (आकडेवारी किंवा संख्या) दर्शविले जाते. या आलेखाची आकडेवारी एकत्र करून त्याचे योग्य प्रमाण घ्यावे लागते. योग्य प्रमाण घेतल्यानंतर प्रत्येक घटक एकाच स्तंभामध्ये विभागून दर्शविणे गरजेचे असते. स्तंभाच्या विभागास म्हणजेच प्रत्येक उपघटकास विविध रंग किंवा शेडिंग देऊन त्याची सूची करावी लागते.

उपयोग

कालमानानुसार पर्जन्याचे, तापमानाचे वितरण तसेच वस्तूंच्या उत्पादनाची आकडेवारी इत्यादींसाठी संयुक्त स्तंभालेख उपयुक्त असतो. तसेच विविध पिकांचे उत्पादन, खनिजांचे उत्पादन दर्शविण्यासाठी संयुक्त स्तंभालेखाचा वापर केला जातो. विविध जिल्ह्यातील, राज्यातील, देशातील लोकसंख्येची आकडेवारी ही संयुक्त स्तंभालेखाच्या साहाय्याने दाखविता येते.

गुण – दोष

गुण

1. संयुक्त स्तंभालेखाच्या साहाय्याने दर्शविलेली आकडेवारी व तिची वैशिष्ट्ये सहज लक्षात येतात.

2. या स्तंभालेखावरून परिमाणांची स्पष्ट कल्पना येते व तुलनात्मक अभ्यास करता येतो.

3. आकडेवारीतील चढ-उतार सहज लक्षात येतात.

4. सर्वसामान्य अभ्यासकांना परिमाणांची कल्पना चटकन लक्षात येते.

दोष

1. संयुक्त स्तंभालेख वेळखाऊ व क्लिष्ट असतात.

2. आकडेवारी स्थूलमानाने घेतल्यास मूळ आकडेवारी व आलेख यांच्यामध्ये तफावत जाणवते.

3. दिलेल्या आकडेवारीमध्ये जास्तीत जास्त व कमीत कमी लोकसंख्येमध्ये जास्त फरक असेल तर प्रमाण घेण्यास अडचणी निर्माण होतात.

4. उपघटकांचे मूल्य सहज लक्षात येत नाही.

उदाहरण

ऊर्जा साधनसंपत्तीचे जागतिक उत्पादन (दशलक्ष टन)

अ.क्र.	देश	दगडी कोळसा	खनिज तेल	नैसर्गिक वायू
1.	संयुक्त संस्थाने	1589	142	230
2.	भारत	516	46	38
3.	चीन	3384	110	196
4.	जपान	880	45	210
5.	यू. के.	760	153	205

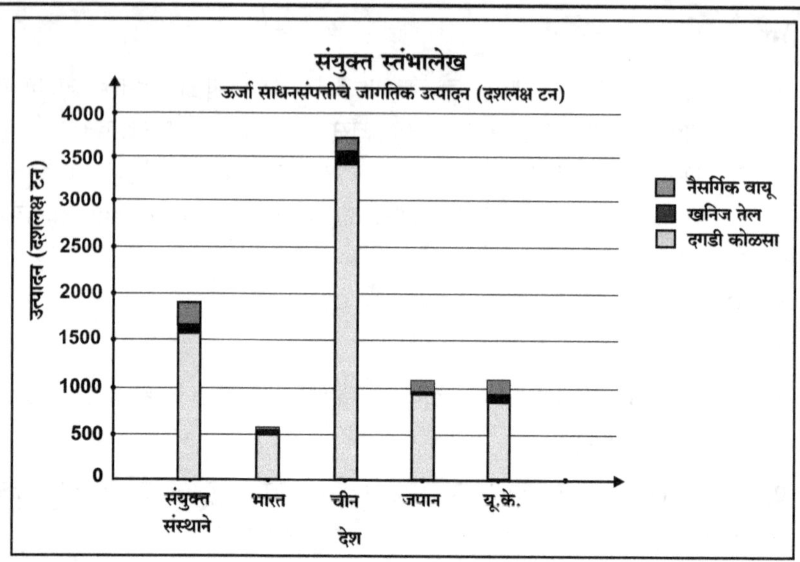

संयुक्त स्तंभालेख : ऊर्जा साधनसंपत्तीचे जागतिक उत्पादन (दशलक्ष टन)

4.2.4　शतप्रमाण स्तंभालेख (Percentage Bar Graph)

व्याख्या

✷ ''दोन किंवा दोनपेक्षा जास्त भौगोलिक आकडेवारी एकाच स्तंभाद्वारे शेकडा प्रमाणात दर्शविली जाते त्या आलेखास 'शतप्रमाण स्तंभालेख' असे म्हणतात.''

काढण्याची पद्धत

संयुक्त स्तंभालेखाप्रमाणेच या आलेखात आडव्या आसावर म्हणजेच 'क्ष' अक्षावर कालमान किंवा कालखंड घेतले जातात तसेच उभ्या आसावर म्हणजेच 'य' अक्षावर परिमाण (संख्या किंवा आकडेवारी) दर्शविले जाते. या आलेखामध्ये दिलेल्या आकडेवारीचे रूपांतर शेकडा प्रमाणामध्ये करावे लागते. सर्व स्तंभ हे एकसारख्या जाडीचे व उंचीचे असतात मात्र यातील उपघटकांचे प्रमाण कमी-जास्त असते. यामध्ये स्तंभाची जाडी ही $\frac{1}{2}$ से.मी. ते 1.5 से.मी. एवढी असावी तसेच दोन स्तंभामधील अंतर हे $\frac{1}{2}$ से.मी. ते 1 से.मी. एवढे असावे. तसेच आलेखातील विविध घटक वेगवेगळ्या रंगाने किंवा शेडिंगने दर्शविले जातात व त्याची सूची तयार केली जाते.

उपयोग

या आलेखाचा उपयोग विविध भौगोलिक घटकांचे मूल्य शेकडा प्रमाणात दर्शविण्यासाठी होतो. उदा., लोकसंख्या, कृषीचे उत्पादन, पिकांचे प्रकार व उत्पादन तसेच क्षेत्र, खनिजांचे उत्पादन व वितरण इत्यादी.

गुण - दोष

दोष

1. या आलेखावरून परिमाणांची स्पष्ट कल्पना येते.
2. दोन किंवा त्यापेक्षा जास्त घटकांचे शेकडा प्रमाण दर्शविता येते.
3. परिमाणातील चढ-उतार लक्षात येतात व तुलनात्मक अभ्यास करता येतो.

दोष

1. सामान्य लोकांना आलेख चटकन लक्षात येत नाहीत.
2. आलेख काढण्यासाठी वेळ लागतो.
3. आकडेवारीमध्ये जास्त तफावत असल्यास प्रमाण घेण्यास अडचणी निर्माण होतात.

उदाहरण

सातारा जिल्ह्यातील लोकसंख्या (1901 ते 2011)

वर्षे	लोकसंख्या		
	पुरुष	महिला	एकूण
1901	418418	431254	849672
1911	412412	422925	835337
1921	387434	399002	786436
1931	446189	448825	895014
1941	497993	515219	1013212
1951	573800	603216	1177016
1961	698555	731550	1430105
1971	848092	879284	172376
1981	982122	1049555	2038677
1991	1208375	1242997	2451372
2001	1408000	1401000	2809000
2011	1510842	1492899	3003741

या प्रकारची आकडेवारी दिल्यांनंतर त्याचे रूपांतर शेकडा प्रमाणामध्ये करावे.

शेकडा प्रमाणानुसार आकडेवारी

वर्षे	पुरुष	महिला	एकूण	वर्षे	पुरुष	महिला	एकूण
1901	49.24	50.76	100	1961	48.85	51.15	100
1911	49.37	50.63	100	1971	49.10	50.90	100
1921	49.26	50.74	100	1981	48.17	51.83	100
1931	49.85	50.15	100	1991	49.29	50.71	100
1941	49.15	50.85	100	2001	50.12	49.88	100
1951	48.75	51.25	100	2011	50.30	49.70	100

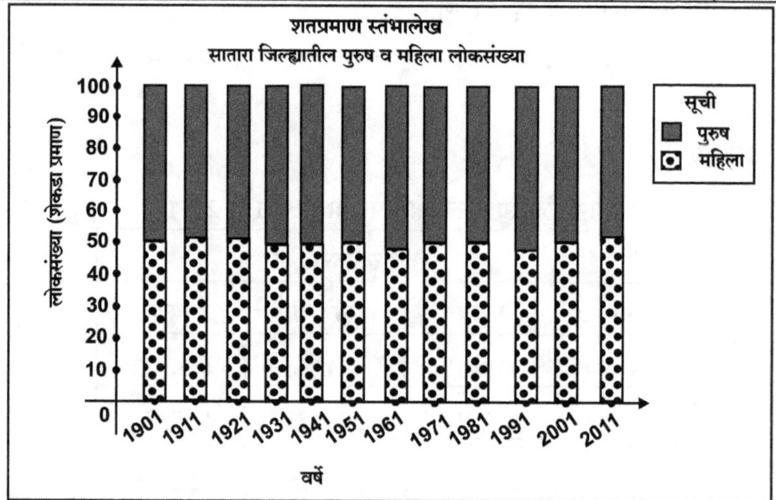

शतप्रमाण स्तंभालेख : सातारा जिल्ह्यातील पुरुष व महिला लोकसंख्या

4.3 विभाजित वर्तुळ

(Divided Circle/Pie Chart/Wheel Diagram)

क्षेत्र किंवा प्रदेशाशी संबंधित असलेली भौगोलिक आकडेवारी ठरावीक सूत्रानुसार वर्तुळ, आयात किंवा चौरसाने दर्शविली जाते, त्यास द्विमितीय आकृत्या असे म्हणतात. या आकृत्यांना 'प्रमाणबद्ध आकृत्या' किंवा 'क्षेत्रीय आकृत्या' असेही म्हणतात. यामध्ये प्रमाणबद्ध चौरस, प्रमाणबद्ध वर्तुळे, विभाजित आयात व विभाजित वर्तुळ यांचा समावेश होतो.

व्याख्या

✳ ''विविध भौगोलिक आकडेवारी अंशात्मक अंतराने वर्तुळाचे विभाग करून काढलेल्या आकृतीस विभाजित वर्तुळ असे म्हणतात. यास 'चक्रालेख' असेही संबोधले जाते.''

विभाजित वर्तुळ काढण्याची पद्धत

या आकृतीत वर्तुळाचे विभाग करावे लागतात त्यामुळे दिलेल्या आकडेवारीचे रूपांतर वर्तुळाच्या अंशात्मक रूपात करावे लागते. प्रथमतः दिलेल्या आकडेवारीची बेरीज करावी लागते व वर्तुळाच्या अंशाच्या (360°) साहाय्याने दिलेल्या प्रत्येक संख्येकरिता अंशात्मक रूप काढावे यासाठी प्रामुख्याने पुढील सूत्राचा वापर करावा.

उपघटकाचे अंशात्मक मूल्य/उपघटकाचा कोन

$$= \frac{\text{उपघटकाचे मूल्य}}{\text{एकूण सर्व घटकांच्या मूल्यांची बेरीज}} \times 360°$$

विभाजित वर्तुळ तयार करताना वर्तुळाच्या एकूण 360° या अंशाचा विचार करावा लागतो. त्यावरून प्रत्येक घटकाचे अंशात्मक रूप काढावे लागते. प्रत्येक घटकाच्या अंशात्मक मूल्यावरून संपूर्ण वर्तुळाची विभागणी करणे सहज शक्य होते.

सूत्राच्या साहाय्याने प्रत्येक घटकाचे अंशात्मक रूप काढल्यानंतर योग्य त्रिज्या घेऊन त्या त्रिज्येचे वर्तुळ काढावे. वर्तुळ काढल्यावर प्रत्येक संख्येच्या अंशाने वर्तुळाचे भाग करावेत नंतर प्रत्येक भागास वेगवेगळे रंग किंवा शेडिंग करावे व त्याची सूची तयार करावी.

उपयोग

भौगोलिक घटकांचे क्षेत्रीय वितरण दाखविण्यासाठी विभाजित वर्तुळाचा मोठ्या प्रमाणात उपयोग होतो. तसेच एखाद्या क्षेत्रातील, तालुका, जिल्हा, राज्य किंवा देशातील भूमि-उपयोजन, जलसिंचन क्षेत्र, पिकांखालील क्षेत्र दाखविण्यासाठी विभाजित वर्तुळाचा उपयोग होतो. याबरोबरच कृषी उत्पादने व वितरण, लोकसंख्या, खनिज उत्पादने व वितरण दाखविण्यासाठीही या आकृतीचा उपयोग होतो.

गुण – दोष

गुण

1. विभाजित वर्तुळामध्ये दाखविलेल्या भौगोलिक घटकांचे स्वरूप अतिशय सुस्पष्टपणे कळते.

2. या आकृतीवरून उपघटकांचा तुलनात्मक अभ्यास करता येतो.

3. या आकृतीवरून परिमाणांची स्पष्ट कल्पना येते.

4. आकृती आकर्षक असल्याने मोठ्या प्रमाणावर वापर होतो.

दोष

1. अंशात्मक रूप काढण्यासाठी सूत्राचा वापर करून काढावे लागते. त्यामुळे आकडेमोड करणे कठीण जाते.

2. विभाजित वर्तुळ काढण्यास वेळ लागतो.

3. दिलेल्या आकडेवारीमध्ये जास्तीत जास्त व कमीत कमी आकडेवारीत जास्त फरक असल्यास आकृती काढण्यास अडचणी निर्माण होतात.

उदाहरण

महाराष्ट्र भूमिउपयोजन (2000-2001) (क्षेत्र लक्ष हेक्टरमध्ये)

अ.क्र.	तपशील	क्षेत्र	टक्केवारी	अंश
1.	जंगले	52	16.0	57.60
2.	कृषीसाठी उपलब्ध नसलेली जमीन	28	8.61	31.02
3.	कृषीखाली नसलेली (पडीक जमीन सोडून)	24	7.38	26.58
4.	पडीक जमीन	25	7.69	27.69
5.	कृषीखालील जमीन	196	60.30	217.11
	एकूण	325	100.00	360

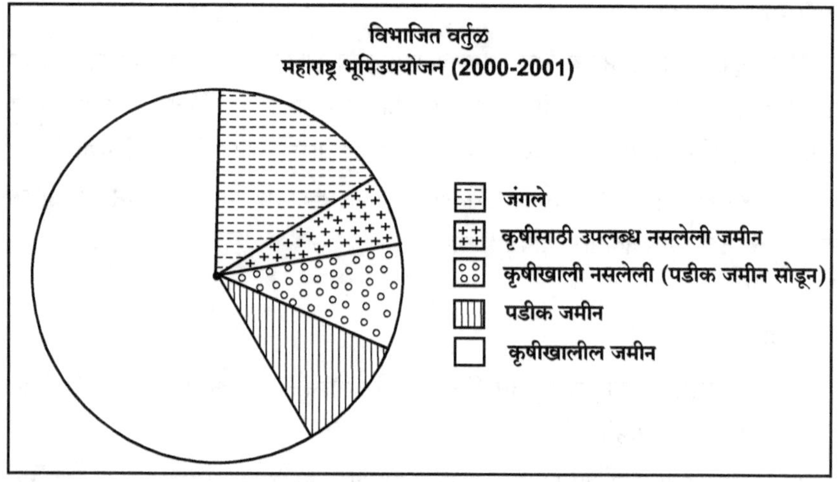

विभाजित वर्तुळ : महाराष्ट्र भूमिउपयोजन (2000-2001)

4.4 प्रमाणबद्ध चौरस (Proportional Squares)

व्याख्या

❈ ''वेगवेगळी भौगोलिक आकडेवारी विशिष्ट प्रमाणानुसार चौरसाच्या साहाय्याने दर्शविली जाते त्यास 'प्रमाणबद्ध चौरस' असे म्हणतात.''

प्रमाणबद्ध चौरस काढण्याची पद्धत

या प्रकारात क्षेत्र किंवा प्रदेशाशी संबंधित भौगोलिक आकडेवारी दर्शविण्यासाठी चौरसाच्या बाजूचा वापर करतात. प्रमाणबद्ध चौरस काढताना प्रथमत: चौरसाची बाजू काढणे आवश्यक आहे. पुढील सूत्राच्या साहाय्याने चौरसाची बाजू काढता येते.

$$\text{चौरसाची बाजू} = \text{मानलेली बाजू} \times \sqrt{\dfrac{\text{कोणतीही संख्या}}{\text{निवडलेली संख्या}}}$$

या सूत्राच्या साहाय्याने चौरसाची बाजू काढतात. मानलेल्या बाजूचे प्रमाण हे महत्त्वाचे ठरते. या ठिकाणी मानलेली बाजू शक्यतो 1 से.मी. ते 1.5 से.मी. एवढी घ्यावी. तसेच दिलेल्या आकडेवारीचा विचार करून योग्य संख्या निवडून त्या संख्येचे प्रमाण निश्चित करावे. याप्रकारे मानलेली बाजू व निवडलेली संख्या दोन्ही प्रमाणे निश्चित केल्यानंतर सूत्राच्या साहाय्याने बाजू काढावी नंतर बाजूनुसार साध्या कागदावर किंवा नकाशावर चौरस काढावेत.

प्रमाणबद्ध चौरस प्रामुख्याने तीन प्रकारे काढता येतात म्हणजेच दिलेल्या आकडेवारीचे चौरस साध्या कागदावर काढले जातात. त्याप्रमाणे एकच केंद्र घेऊन वेगवेगळ्या बाजूंचे प्रमाणबद्ध चौरस काढले जातात. त्यांना समकेंद्री चौरस असे म्हणतात तर कधी-कधी प्रमाणबद्ध चौरस नकाशावर काढले जातात.

उपयोग

एखाद्या क्षेत्रातील विविध तालुके, जिल्हे, राज्ये किंवा देश यांचे वेगवेगळ्या घटकांचे वितरण, उत्पादन व लोकसंख्येची आकडेवारी दाखविण्यासाठी प्रमाणबद्ध चौरसाचा उपयोग होतो. तसेच कृषीचे वितरण, उत्पादन, साधनसंपत्ती व खनिजांचे वितरण, औद्योगिक उत्पादने दाखविण्यासाठीही या आकृतीचा उपयोग होतो.

गुण – दोष

गुण

1. यावरून निरनिराळ्या घटकांच्या परिमाणांची स्पष्ट कल्पना येते.

2. भौगोलिक घटकांचे स्वरूप सहज लक्षात येते.

3. एका प्रदेशाची दुसऱ्या प्रदेशाशी तुलना करता येते.

4. प्रमाणाच्या आधारे किंवा आकृतीच्या आधारे घटकांचे मूल्य समजते.

दोष

1. सूत्राच्या साहाय्याने आकडेमोड करावी लागते. त्यामुळे किचकट व वेळखाऊ पद्धत आहे.

2. दिलेल्या संख्येमध्ये मोठी तफावत असल्यास आकडेवारीवरून चौरस काढणे कठीण जाते.

3. नकाशावर चौरस काढताना चौरस दुसऱ्या क्षेत्रात जाण्याची शक्यता असते.

उदाहरण – 1

पुढील आकडेवारीसाठी प्रमाणबद्ध चौरस काढा.

अ.क्र.	देश	लोकसंख्या दशलक्ष (2011)	चौरसाची बाजू (से.मी.)
1.	चीन	1344	2.69
2.	भारत	1212	2.42
3.	संयुक्त संस्थाने	309	0.62

या ठिकाणी मानलेली बाजू = 1 से.मी. व निवडलेली संख्या 500 दशलक्ष लोकसंख्या घेतल्यास खालीलप्रमाणे सूत्राचा वापर करून चौरसाची बाजू काढता येईल.

$$\text{चीन बाजू} = 1 \text{ से.मी.} \times \sqrt{\frac{1344}{500}} = 2.69 \text{ से.मी.}$$

$$\text{भारत बाजू} = 1 \text{ से.मी.} \times \sqrt{\frac{1212}{500}} = 2.42 \text{ से.मी.}$$

$$\text{संयुक्त संस्थाने बाजू} = 1 \text{ से.मी.} \times \sqrt{\frac{309}{500}} = 0.62 \text{ से.मी.}$$

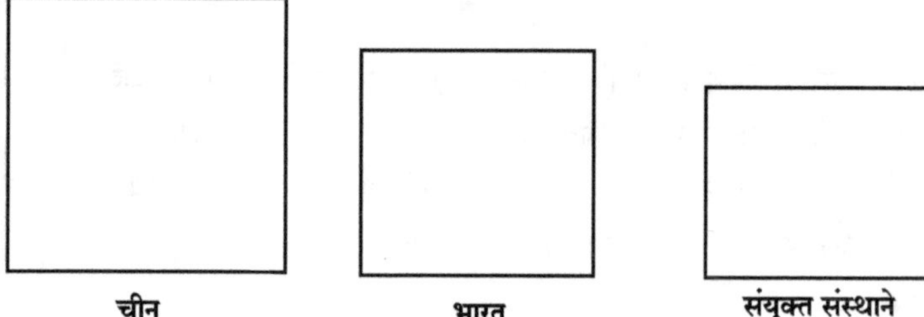

आकृती : चीन, भारत, संयुक्त संस्थाने

उदाहरण - 2 : खालील लोकसंख्येची आकडेवारी प्रमाणबद्ध चौरसाच्या साहाय्याने नकाशात दर्शवा.

पुणे विभागाची लोकसंख्या – 2011

अ.क्र.	जिल्हा	लोकसंख्या	चौरसाची बाजू (सेमी)
1.	पुणे	9429408	2.17
2.	सोलापूर	4317756	1.47
3.	सातारा	3003741	1.23
4.	सांगली	2822143	1.19
5.	कोल्हापूर	3876001	1.39

मानलेली बाजू - 1 से.मी.   निवडलेली संख्या - 20,00,000

$$\text{पुणे चौरसाची बाजू} = 1\ \text{से.मी.} \times \sqrt{\frac{9429408}{2000000}} = 2.17\ \text{से.मी.}$$

$$\text{सोलापूर चौरसाची बाजू} = 1\ \text{से.मी.} \times \sqrt{\frac{4317756}{2000000}} = 1.47\ \text{से.मी.}$$

$$\text{सातारा चौरसाची बाजू} = 1\ \text{से.मी.} \times \sqrt{\frac{3003741}{2000000}} = 1.23\ \text{से.मी.}$$

$$\text{सांगली चौरसाची बाजू} = 1\ \text{से.मी.} \times \sqrt{\frac{2822143}{2000000}} = 1.19\ \text{से.मी.}$$

$$\text{कोल्हापूर चौरसाची बाजू} = 1\ \text{से.मी.} \times \sqrt{\frac{3876001}{2000000}} = 1.39\ \text{से.मी.}$$

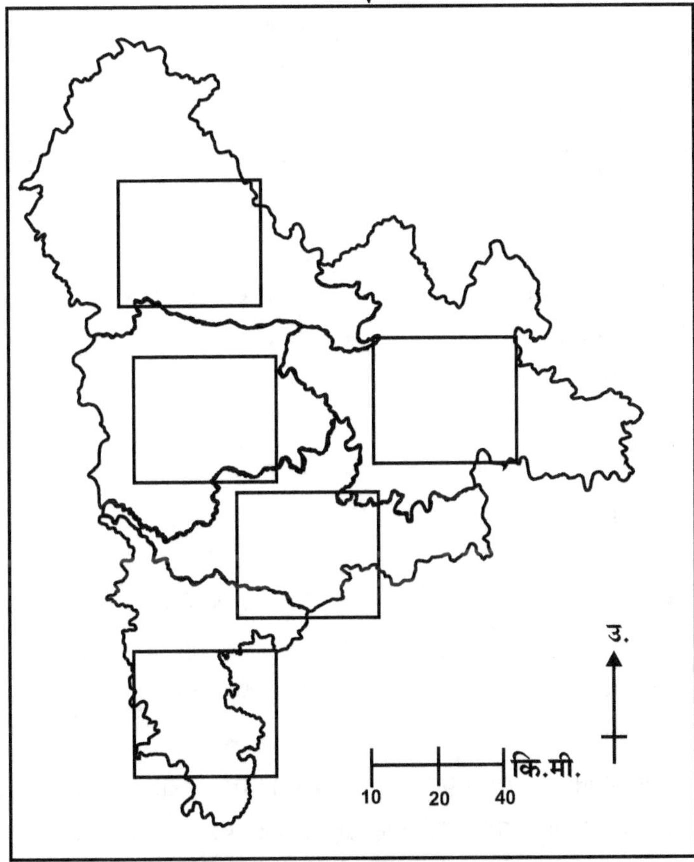

नकाशा : पुणे विभाग लोकसंख्या (2011)

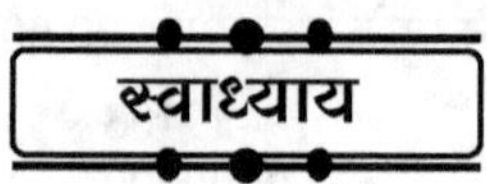

स्वाध्याय

❂ योग्य पर्याय निवडून खालील विधाने पूर्ण करा.

1. वेगवेगळी आकडेवारी विशिष्ट प्रमाणानुसार चौरसाने दर्शविली जाते त्यास प्रमाणबद्ध .... असे म्हणतात.

   (अ) चौरस   (ब) वर्तुळ   (क) आयत   (ड) नकाशे

2. एखाद्या प्रदेशातील विविध घटकांचे वितरण चौरसाने दाखविण्यासाठी .... चा उपयोग होतो.

   (अ) छाया पद्धत   (ब) रेषालेख

   (क) स्तंभालेख   (ड) प्रमाणबद्ध चौरस

3. दोन किंवा दोनपेक्षा जास्त घटक दर्शविण्यासाठी खालीलपैकी .... उपयोग होतो.

   (अ) बहुरेषालेख   (ब) प्रमाणबद्ध चौरस

   (क) साधा स्तंभालेख   (ड) रेषालेख

4. .... हा स्तंभालेखाचा प्रकार नाही.

   (अ) जोड स्तंभालेख   (ब) साधा स्तंभालेख

   (क) शतप्रमाण स्तंभालेख   (ड) जोड रेषालेख

5. क्षेत्रीय वितरण दाखविण्यासाठी .... चा सर्वांत जास्त वापर किंवा उपयोग होतो.

   (अ) साधा स्तंभालेख   (ब) रेषालेख

   (क) विभाजित वर्तुळ   (ड) प्रमाणबद्ध चौरस

❂ टीपा लिहा.

1. रेषालेख   2. साधा स्तंभालेख

3. विभाजित वर्तुळ   4. प्रमाणबद्ध चौरस

5. बहुरेषालेख   6. जोड स्तंभालेख.

❂ दीर्घोत्तरी प्रश्न

1. प्रमाणबद्ध चौरस म्हणजे काय सांगून त्याचे विवेचन करा.

2. रेषालेख म्हणजे काय सांगून रेषालेखाचे प्रकार स्पष्ट करा.

3. स्तंभालेख म्हणजे काय सांगून स्तंभालेखाचे प्रकार स्पष्ट करा.

★★★

संदर्भ ग्रंथसूची

1. भूगोलाची मूलतत्त्वे (खंड दुसरा) : प्रा. ए. बी. सवदी, पी. एस. कोळेकर

2. कृषी भूगोल : प्रा. के. ए .खतीब

3. आर्थिक भूगोल : प्रा. स्वाती चव्हाण

4. Systematic Agricultural Geography : Majid Husain

5. मानवी भूगोल : प्रा. दिपक गुरव, प्रा. स्वाती चव्हाण

6. Agricultural Geography : Singh J & Dhillon S. S.

7. Element of Practical Geography : R. L. Singh, Rana P. B. Singh

8. Economic Geography : K. Siddhartha

9. Fundamental Approaches in Sustainable Agriculture : Dr. Jag Paul Sharma

★★★

नमुना प्रश्नपत्रिका

वेळ : 2 तास **गुण : 50**

प्रश्न 1. योग्य पर्याय निवडून विधाने पूर्ण करा. **[10]**

1. कृषी भूगोलावरील पहिले पुस्तक .... यांनी लिहिले.
   (अ) सी.डी. सॉवर (ब) हेमल्ट (क) ऑर्थर यंग (ड) जे.सी. व्हीवर

2. पर्वताच्या उतारावर .... प्रकारची शेती केली जाते.
   (अ) स्थलांतरित   (ब) उदरनिर्वाहाची
   (क) पायऱ्याची   (ड) सखोल

3. अर्ध शुष्क प्रदेशात .... सिंचन महत्त्वाचे असते.
   (अ) कालवे (ब) ठिबक (क) विहिरी (ड) तळी

4. कापसासाठी .... मृदा जास्त पोषक असते.
   (अ) गाळाची (ब) काळी (क) जांभी (ड) पर्वतीय

5. .... प्रदेशास गव्हाचे कोठार म्हणतात.
   (अ) युक्रेन (ब) पंपास (क) प्रेअरी (ड) थर

6. .... हा कृषीचा प्रकार नाही.
   (अ) सखोल शेती   (ब) विस्तृत शेती
   (क) बेकरी शेती   (ड) उदरनिर्वाहाची शेती

7. .... यांनी भूमिउपयोजन सिद्धान्त मांडला.
   (अ) जे.एच. व्हॉन थुनेन   (ब) जे.सी. व्हीवर
   (क) सी.डी. भाटीया   (ड) व्हॉन हंबोल्ट

8. पीक संगतीची पहिली सांख्यिकीय पद्धत .... यांनी मांडली.
   (अ) जे.सी. व्हीवर   (ब) डोई
   (क) सी.डी. भाटीया   (ड) गीब्ज व मार्टीन

9. कृषीच्या समस्या अनेक असून .... ही भौगोलिक समस्या आहे.
   (अ) जंगलांची वाढ   (ब) नैसर्गिक आपत्ती
   (क) जैविक तंत्रज्ञान   (ड) साक्षरता

10. .... हा स्तंभालेखाचा प्रकार नाही.
    (अ) साधा रेषालेख   (ब) साधा स्तंभालेख
    (क) जोड स्तंभालेख   (ड) संयुक्त स्तंभालेख

प्रश्न 2. टीपा लिहा. (कोणतेही चार) **[20]**

1. कृषी भूगोलाचे महत्त्व. 2. स्थलांतरित शेती 3. पीक विविधता
4. कृषीचा विकास 5. स्तंभालेख 6. प्रमाणबद्ध चौकोन

प्रश्न 3. कृषीचे निकष सोदाहरण स्पष्ट करा. **[10]**

किंवा

जे.एच. व्हॉन थुनेन यांचा कृषी भूमिउपयोजन सिद्धान्त स्पष्ट करा.

प्रश्न 4. कृषीच्या समस्या थोडक्यात स्पष्ट करा. **[10]**

किंवा कृषीच्या पद्धती सांगून कोणत्याही दोन पद्धतींचे सविस्तर वर्णन करा.

★★★